全国高等教育环境设计专业示范教材

景 观 设 计

胡 俊 琦　柳 健 / 编 著

LANDSCAPE DESIGN

重庆大学出版社

图书在版编目（CIP）数据

景观设计/胡俊琦，柳健编著.—重庆：重庆
大学出版社，2015.1
全国高等教育环境设计专业示范教材
ISBN 978-7-5624-8496-7

Ⅰ．①景… Ⅱ．①胡…②柳… Ⅲ.景观设计—高
等学校—教材 Ⅳ.①TU986.2

中国版本图书馆CIP数据核字（2014）第177949号

全国高等教育环境设计专业示范教材
景观设计 胡俊琦 柳 健 编著
JINGGUAN SHEJI

策划编辑：周 晓

责任编辑：李定群 邵孟春 版式设计：汪 泳
责任校对：关德强 责任印制：赵 晟

重庆大学出版社出版发行
出版人：邓晓益
社 址：重庆市沙坪坝区大学城西路21号
邮 编：401331
电 话：（023）88617190 88617185（中小学）
传 真：（023）88617186 88617166
网 址：http://www.cqup.com.cn
邮 箱：fxk@cqup.com.cn（营销中心）
全国新华书店经销
重庆市金雅迪彩色印刷有限公司印刷

开本：787×1092 1/16 印张：7.5 字数：196千
2015年1月第1版 2015年1月第1次印刷
印数：1—5 000
ISBN 978-7-5624-8496-7 定价：48.00元

前　言

PREFACE

　　景观设计内容涉及范围之广，大到河域治理、城市绿地系统规划、城市公园设计，小至街旁绿地、城市广场、小区绿化，甚至住宅庭院等。2011年，随着"风景园林学"正式成为一级学科后，作为其重要方向之一的景观设计越来越成为人们关注的焦点。在欧美等发达国家，景观设计如建筑设计、城市设计一样已是十分成熟的专业，而在我国，景观设计仍是一门方兴未艾的学科，同时由于市场的大量需求，景观设计师已成为热门职业。

　　本书是"全国高等教育环境设计专业示范教材"系列教材之一，针对高等教育环境设计专业的学生而编写，同时也可供本专业从业人员阅读。编写的主要目的是通过介绍景观的发展、设计范围、设计原理、设计要素、设计内容及方法、表现方法及工程技术等方面的基本知识，为读者初步建立景观及景观设计的概念和方法。

　　本书的特点是力求以实用、全面、精练的内容为读者提供景观设计知识，本书的重点是景观设计的基础知识、景观设计内容与程序、各类型景观设计以及如何进行景观设计的成果表现。每章独立，读者可按顺序阅读，也可任意从感兴趣的章节开始阅读。

　　本教材在编写中，参考和使用了国内外众多学者的研究著作和相关文献资料，在此，谨向他们致以衷心的感谢！

编　者
2014年7月

目　录

1 景观设计概述

1.1 景观与景观设计

1.1.1 景观与景观设计概念

（1）景观（landscape）

"景观"一词最早出现在欧洲希伯来文本的《圣经》旧约全书中，它被用来描写梭罗门皇城（耶路撒冷）的瑰丽景色。大约到了19世纪，景观又被引入地理学科中。中国辞书对"景观"的定义也反映了这一点，如中国《辞海》中的"景观""景观图""景观学"的词语出现，景观在此被定义成"自然地理学的分支，主要研究景观形态、结构、景观中地理过程的相互联系，阐明景观发展规律、人类对它的影响及其经济利用的可能性"。因此，"景观"这个词被广泛应用于地理学、生态学等许多领域。

在不同的景观研究领域，人们所研究的侧重点会有所区别。实际上，景观的英语表达是"landscape"，由"大地"（land）和"景象"（scape）两部分组成。在西方人的视野中，景观是由呈现在物质形态的大地之上的空间和物体所形成的景象集成，这些景象有的是没有经过人为加工而自然形成的，如自然的土地、山体、水体、植物、动物以及光线、气候条件等。由自然要素所集成的景象被称为自然景观（图1-1）；另外的景象是人类根据自身的不同需要对土地进行了不同程度的加工、利用后形成的，如农田、水库、道路、村落、城市等，经过人类活动作用于土地之后所集成的景象被称为人工景观。

景观具有空间环境和视觉特征的双重属性。

图1-1　自然风景

空间环境包括：周围条件（生物圈、地形、气候、植被）、功能（人的活动）、构造（材料、结构）；视觉特征包括：艺术性（构造法则）、感觉性（声、光、味、触）、时间性（四季、昼夜、早晚）、文化内涵（民族、职业）等。

（2）景观学与景观设计及其专业内涵

景观学，国际上称为景观建筑学（Landscape Architecture）。奥姆斯特德第一个提出"Landscape Architecture"的理念，1900年哈佛大学第一个成立景观学专业，奠定了景观学、城市规划、建筑学在设计领域三足鼎立的局面。美国景观建筑师协会（ASLA）对景观学有如下定义：综合运用科学和艺术的原则去研究、规划、设计和管理修建环境和自然环境。本专业从业人员将本着管理和保护各类资源的态度，在大地上创造性地运用技术手段以及科学的、文化的和政治的知识来规划安排所有自然与人工的景观要素，使环境满足人们使用、审美、安全和产生愉悦心情的要求。用生态的、生物的方法来观察、模拟，来了解这个景观系统的一门学科称为"景观学"，实际上是用科学方法研究景观系统。

目前，我国对这门学科的定义是"关于景观的分析、规划布局、设计、改造、管理、保护和恢复的科学和艺术""以协调人类与自然的和谐关系为目标，以环境、生态、地理、农、林、心理、社会等广泛的自然科学和人文艺术学科为基础，以规划设计为核心，面向人类聚居环境创造建设与保护管理的工程应用性学科专业"。同时，景观是一个不断拓展的领域，它既是一门艺术也是科学，并成为了连接科学与艺术、沟通自然与文化的桥梁。

因此，景观设计是一门关于如何安排土地及土地上的物体和空间，来为人类创造安全、高效、健康和舒适环境的艺术和科学。它是人类社会发展到一定阶段的产物，也是历史悠久的造园活动发展的必然结果。

景观设计的专业内涵有以下几个要点：

①研究的是为人类创造更健康、更愉悦的室外空间环境。

②研究对象是与土地相关的自然景观和人工景观。

③研究内容包括对自然景观元素和人工景观元素的改造、规划、设计和管理等。

④学科性质是一门交叉性学科，包括了地理学、设计艺术学、社会学、行为心理学、哲学、现象学等范畴。

⑤从业人员必须综合利用各学科知识，考虑建筑物与其周围的地形、地貌、道路、种植等环境的关系，必须了解气候、土壤、植物、水体和建筑材料对创造一个自然和人工环境融合的景观的影响。

⑥其涉及领域是广泛的，但并不是万能的，从业人员只能从自己的专业角度对相关项目提出意见和建议。

正如西蒙兹所说："景观设计师的终生目标和工作就是帮助人类，使人、建筑物、社区、城市以及他们的生活同生活的地球和谐共处。"

景观设计的专业内涵有三个层次的内容：

第一是景观形态。即景观的外在显现形式，是人们基于视觉感知景观的主要途径。景观的形态是由地形、植被、水体、人工构筑物等景观要素构成的。对景观形态的设计就是结合美学规律和审美需求，控制景观要素的外在形态，使之合乎人们的审美标准及行为需求，带给人精神上的愉悦。这是"科学与艺术原理"中的艺术原理。

第二是景观生态。景观是一个综合的生态系统，存在着各种的生态关系，是人们赖以生活的场所。景观的生态对于人们的生活品质甚至环境安全都至关重要。因为"人和自然的关系问题不是一个为人类表演的舞台提供一个装饰性背景，或者改善一下肮脏的城市的问题，而是需要把自然作为生命的源泉、社会的环境、诲人的老师、神圣的场所来维护……"。景观学中景观生态层次就是科学综合地利用土地、水体、动植物、气候等自然资源，使环境整体协调，保持有序的生态平衡。这是"科学与艺术原理"中的科学原理。

第三是景观文化。景观和文化是密切相关的，这不仅包括景观中积淀的历史文化内涵、艺术审美倾向，还包括人的文化背景、行为心理带来的景观审美需求。基于视觉感知的景观形态绝不仅仅是简单的"看上去很美"，其景观的可行、可看、可居往往与各种文化背景有着广泛的联系。因此，景观要想真正成为人类憩居的理想场所，还必须在文化层面进行深入的思考。

1.1.2　景观设计与相关学科的关系
（1）涉及的相关学科

景观设计涉及的学科内容相当广泛，包括了建筑学、城市规划、环境学、地理学、生态学、工程学、社会学、行为心理学等不同学科领域，涵盖了城市建设过程的物质形态和精神文化领域。

具体来说，在景观设计过程中大致涉及以下相关学科和专业：

①基础学科：经济地理学、景观生态学、哲学、美学、艺术学、行为心理学、诗词风景文学等。

②技术基础学科:景观学、建筑学、城市规划

学等。

③专业技术学科:城市设计、建筑设计、园林绿化种植及工程设计、环境设计（包括夜景、广告、街道家具、室外雕塑、壁画等）、城市道路工程、城市防灾、城市市政公用设施工程等。

凯文·林奇曾经说,你要成为一个真正合格的景观和城市的设计师,必须学完270门课,所以说这门学科综合了大量的自然和人文科学。

（2）景观设计学与城市规划、建筑学的关系

三者的共同点主要体现在:

①目标是共同的,即以人为本,共同创造宜人的聚居环境（简称"人居环境"）。

②所谓"宜人"是指除物质环境的舒适外,还包含生态健全、回归自然。

③共同致力于土地利用,充分保护自然资源与文化资源。

④共同建立在科学与艺术创造的基础上。

⑤共同寄托在工程学的基础上。

从学术与理论发展来看,景观、建筑、城市规划学科都在拓展,三个学科在"拓展"的过程中,都有互相融合与变革的一面,但针对每一个专业领域的问题还要具体研究。

景观学和建筑学、城市规划所涉的内容、范围和尺度不同:

①建筑学研究的尺度比例为1:1～1:500的具体建筑设计内容。

②城市规划研究的尺度比例为1:500～1:10 000修建性详细规划、控制性详细规划、总体规划、区域规划等内容。

③景观学研究的尺度比例为1:1～1:10 000主要包括:

大尺度——流域、风景区规划。

中尺度——城市绿地系统、城市公共空间体系、大型城市公园规划设计。

小尺度——广场、街道、庭院、花园、小品设计。

景观学与建筑学、规划学虽技巧各有天地,但是景观规划所依靠的方法论和大部分相关知识与城市规划基本相通;同时景观设计所依靠的知识、专业技巧与建筑学基本是共通的;所不同的是,景观设计比建筑更多地使用植物材料和地貌等自然物来组织大小不同的空间结构。因此,景观、城市规划需要建筑学的根底,同时建筑学、城市规划也要求具备景观知识的修养,创造不同尺度的自然与人文景观。

景观设计的内容几乎涉及城市建设过程中的所有阶段,但在实际操作过程中的定位常常被弄错。以我国房地产开发建设为例:通常的程序是,城市规划—建筑设计—建筑、道路、市政设施施工—景观规划设计。其结果是,人与自然的关系在被破坏了以后,希望用景观设计（通常被理解为绿化和美化）来弥合这种关系,但这时场地原有的自然特征也许已经被破坏殆尽,场地整体空间格局已定,市政管线纵横交错,景观设计能做的好像也只有绿化和美化了。然而,景观设计是要贯穿于开发建设的始终,从场地选址、场地规划、场地设计到建筑设计等都要有景观设计思想的体现,才能发挥景观设计的最大作用,取得最佳效益。

1.2　中外景观发展概况

在漫长的社会历史发展过程中,由于世界各地自然资源、社会形态、人文传统、审美意识等多方面的差异,景观也形成不同的类型与形式、风格与流派。从世界范围来看,主要分成两大体系——规整式园林和风景式园林。规整式园林包括以法国古典主义园林为代表的大部分西方园林,讲究规矩格律,对称均齐,具有明确的轴线和几何对位关系,甚至花草树木都加以修剪成型并纳入几何关系之中,着重显示园林总体的人工图案美,表现一种为人所控制的有秩序、理性的自然;风景式园林是以中国古典园林为代表的东方园林体系,其规则完全自由灵活而不拘一格,着重显示纯自然的天成之美,表现一种顺乎大自然景观构成规律的缩移和模拟。

1.2.1 中国古典园林的发展

中国古典园林相比同一阶段的其他园林体系而言，历史最久、持续时间最长、分布范围最广，作为风景式园林的渊源，以其丰富多彩的内容和高度的艺术境界在世界园林独树一帜。秦汉以来中国文化中的"天人合一""君子比德"及神仙传说孕育了自然山水式园林的雏形；在魏晋、唐宋时期，山水风景园和山水诗、山水散文、山水画相互资借影响，交流融会，使造园艺术得到了源远流长的发展；至明清时代，中国古典园林在意境的丰富、手法的多样、理论的充实诸方面更是深入发展，形成博大精深的风景式园林体系。

①按照园林基址的选择和开发方式的不同，中国古典园林可分为人工山水园和天然山水园两大类型。

人工山水园，即在平地上开凿水体、堆筑假山，人为地创设山水地貌，配以花木栽植和建筑营造把天然山水风景缩移摹拟在一个小范围之内。人工山水园因造园所受的客观制约条件较少，景观设计的创造性得以极大限度的发挥，使造园手法和园林内涵丰富多彩。

天然山水园，一般建在城镇近郊或远郊的山野风景地带，包括山水园、山地园和水景园等，对于基址的原始地貌采用因地制宜的原则作适当的调整、改造、加工，再配以花木和建筑。园林设计关键在于基址的选择，即"相地合宜，构园得体"。

②按照园林的隶属关系加以划分，中国古典园林主要归纳为：皇家园林、私家园林、寺庙园林三大类型。

皇家园林属于皇帝个人和皇室所拥有，古籍称之为苑、苑囿、宫苑、御园等。皇帝利用其政治和经济上的特权，在模拟山水风景的基础设计上，尽量彰显皇家的气派，占据大片的地段营造园林以供一己享用，无论人工山水园还是天然山水园，规模之大远非其他类型园林所能比。其主要特点为：规模宏大、选址自由、建筑富丽、皇权象征寓意、吸取各园林精华。

私家园林属于民间的贵族、官僚、缙绅所私有，古籍中称之为园、园亭、园墅、池馆、山池、山庄、别业、草堂等。规模较小，一般只有几亩至十几亩，小者仅一亩半亩而已；大多以水面为中心，四周散布建筑，构成一个个景点或几个景点；以修身养性、闲适自娱为园林主要功能；园主多是文人学士出身，能诗会画，清高风雅，淡素脱俗。其主要特点为：规模较小、水面建设灵活、造园手法多样、意境深远。

寺庙园林即佛寺和道观的附属园林，狭者仅方丈之地，广者则泛指整个宗教圣地，其实际范围包括寺观周围的自然环境，是寺庙建筑、宗教景物、人工山水和天然山水的综合体。佛教和道教是盛行于中国的两大宗教，佛寺和道观的组织经过长期的发展而形成一整套的管理制度——丛林制度。一些著名的大型寺庙园林，往往历经成百上千年的持续开发，积淀着宗教史迹与名人历史故事，题刻下历代文化雅士的摩崖碑刻和楹联诗文，使寺庙园林蕴含着丰厚的历史和文化游赏价值。其主要特点为：公共性质明显、选址规模不限、园林寿命绵长、寓林于自然。

（1）中国古典园林发展的几个时期

中国古典园林的历史悠久，大约从公元前11世纪的奴隶社会末期始直到19世纪末封建社会解体为止，其演进的过程，相当于以汉民族为主体的封建大帝国从开始形成转化为全盛、成熟直到消亡的过程，其逐步完善的动力亦得益于王朝交替过程中经济、政治、意识三者间的自我调整而促成的物质文明和精神文明的进步。因而我们通常把中国古典园林的全部发展历史分为五个时期。

①生成期

中国园林的源头可以追溯到公元前殷商时期，根据《说文》记载："园、树、果；囿，树菜也。"这里提到的"园和囿"只被用于农业生产，尚不能称之为真正的园林。随后的官宦贵族为了狩猎需要，圈地放养禽兽，称为"囿"。殷纣王的"沙丘苑台"成为目前史书记载最早的帝王园囿，已具备游玩、狩猎、栽植等多种功能，是中国最早的园林形式。随着功能需要的不断增加，模仿自然环境的池沼楼台相继出现，植物也开始有意识地被进行种植，中国传统园林的雏形基本形成。

因此，园林生成期逐渐形成了可视为中国古典园林原始雏形的三个要素："园""囿""台"。最早见于文字记载的园林形式是"囿"，而园林里面主要的建筑物是台。中国古典园林的雏形产生于囿和台的结合。"文王之囿，方七十里，刍荛者往焉，雉兔者往焉，与民同之"（图1-2），囿除了为王室提供祭祀、丧纪所用的牺牲、供应宫廷宴会的野味之外，还兼"游"的功能，即在囿里面进行游观活动。春秋战国时期，各诸侯国都竞建苑囿，如魏之温囿、鲁之郎囿、吴之长洲苑、赵之乐野苑等。"台"，即用土堆筑而形成的方形高台，其最初功能是登高以观天象、通神明。台还可以登高远眺，观赏风景。后来台的游观功能逐渐上升，成为一种宫廷建筑物，并结合于绿化种植而形成以它为中心的空间环境，又逐渐向园林雏形方向转化。园是种植树木的场地。园囿是中国古典园林除囿、台之外的第三个源头。这三个源头之中，囿和园囿属于生产基地的范畴，它们的运作具有经济方面的意义。因此，中国古典园林在其生产的初始便与生产、经济有着密切的关系，这个关系甚至贯穿于整个生成期的始终。

秦汉时期，中国园林形式得到迅速发展，这一时期的造园主流是皇家园林。秦统一中国后，在短短的十二年间建置的离宫约有五六百处之多，其中最著名的当属规模最大的上林苑（图1-3）。到西汉时，武帝刘彻再度扩建秦代上林苑，规模宏伟，宫室众多，建置了大量的宫、观、楼、台等建筑，并蓄养珍禽异兽供帝王行猎。可见汉上林苑的功能已由早先的狩猎、通神、求仙、生产为主，逐渐转化为后期的游憩、观赏为主。两汉时期，也出现了中国最早的私家园林，如西汉梁孝王刘武的兔园和袁广汉的私园，以及东汉梁冀洛阳的宅院，但私家园林在数量、艺术上还处于起步发展阶段。

②转折期——魏、晋、南北朝

魏、晋、南北朝是中国造园史上的重要转折期。在这段时间里，中国社会经历了一段混乱的时期。人们对现实生活的厌恶与逃避，使园林的经营完全转向于以满足人的本性的物质享受和精神享受为主，在民间，人们开始追求返璞归真的自然思想与田园生活。对自然美的发觉和追求，成了这个时期造园艺术发展的主要推动力，于是山水诗、山水画应运而生，使中国园林开始向模拟自然山水的方向发展，当时著名画家谢赫在《古画名录》中提出美术作品品评的六法，对园林设计的布局、构图、手法等都影响深远。

这一时期，官僚士大夫纷纷造园，门阀士族的名流、文人也非常重视园居生活，有权势的庄园主亦竞相效仿，皇家园林较前期有所发展，私家园林更是应运而兴盛起来。如南朝都城建康，苑园尤盛，皇家园林以华林（图1-4）、乐游两地最为著名，由于受到当时崇尚自然美的思潮影响，帝王造园也倾向于以模仿自然为主，东晋简文帝入华林园，顾左右曰："会心处不必在远，翳然林水，便自有濠濮间想也"（《世说新语》）。同时，随

图1-2　周文王灵囿

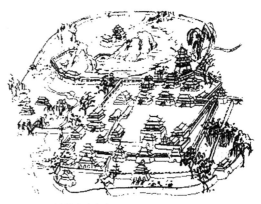

图1-3　汉林苑中建章宫

着土地大量集中，私家园林盛行，一时修建了许多山居别墅，且基本选择在依山傍水、景色优美的地方。大臣之园就多近秦淮、清溪二水。东晋纪瞻在乌衣巷建园，"馆宇崇丽，园池竹木，有足玩赏焉"（《晋书·纪瞻传》）。谢安"于土山营墅，楼馆林竹甚盛"（《晋书·谢安传》）。

东汉时期佛教传入中国，使寺院园林成为本时期一个重要的园林类型得以迅速发展。初期的寺院多来自达官贵人"多舍民宅，以施僧尼"，后寺院园林选址多为山幽水静之处，与自然融为一体，规模不断扩大。如佛教净土宗大师慧远在庐山北麓创建东林寺，面向香炉峰，前临虎溪，园林在自然中生长。

南北朝时期的园林形式由粗略的模仿自然转到用写实手法再现山水；园林植物由欣赏奇异花木转到种草栽树，追求野致；园林建筑发展结合山水布局，点缀成景。这一时期的园林是山水、植物与建筑互相结合组成的山水园，多向、普遍、小型、精致、高雅和人工山水写意化是本时期园林发展的主要趋势。

③全盛期——隋、唐

在魏、晋、南北朝园林基础上，隋、唐园林随着封建经济、政治和文化的进一步发展而臻于全盛的局面，各类型的园林蓬勃发展。隋唐时期皇家园林的风格与类型已经完全形成，形成了大内御苑、行宫御苑、离宫御苑三个类别及其类别特征。如隋炀帝在洛阳修建的西苑，规模之大，场景之豪华，

"西苑周二百里，其内为海周十余里，为蓬莱、方丈、瀛洲诸山，高百余尺，台观殿阁"（魏征等，隋书）。可见，此时皇家园林独有的园林特征不仅表现为园林规模的宏大，而且受当时文化的影响，建筑艺术与造园手法大气而不失雅致。著名的皇家园林代表有建于长安近郊的华清宫（图1-5），建筑依山就势，亭台楼榭层次丰富，形成优美的园林景观。

这个时期也是我国封建社会历史上的鼎盛时期，国富民强，推动了文化艺术创作的兴盛。山水画、山水诗文、山水园林这三个艺术门类已有互相渗透并促进私家园林的艺术性的升华。同时文人参与造园活动，把士流园林推向文人化的境地，又促成了文人园林的兴起。唐代已涌现一批文人造园家，把儒、道、佛禅的哲理融会于他们的造园思想之中，从而形成文人的园林观。如诗人王维的辋川别业，生动地描绘出山野、田园的自然风光（图1-6）。以诗入园、因画成景的做法唐代已见端倪。文人园林不仅是以"中隐"为代表的隐逸思想的物化，它所具有的清沁淡雅格调和较多的意境涵蕴，也体现在一部分私家园林之中，为宋代文人园林兴盛打下基础。与此同时，寺观园林进一步发展，城市寺观成为大众休闲的主要公共空间，发挥着城市公共园林的职能。

隋唐时期的园林创作技巧和手法的运用丰富发展，造园用石的美学价值得到了充分肯定，园林中的"置石"已经比较普遍。"假山"一词开始用作

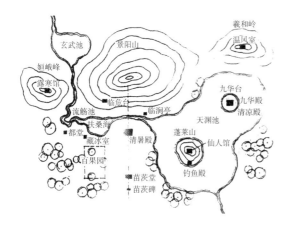

图1-4　北魏洛阳华林园平面设想图

图1-5　华清宫图（《陕西通志》）

为园林筑山的称谓，筑山既有土山，也有石山（土石山），但以土山居多。两种筑山方式都能够在有限的空间内堆造出起伏延绵、模拟天然山脉的假山，既表现园林"有若自然"的氛围，又能以其造型而显示深远的空间层次。而此时园林的理水，更注重于引用沟渠的活水为贵。西京长安城内有好几条人工开凿的水渠；东都洛阳城内水道纵横。活水既可以为池、为潭，也能成瀑、成濑、成滩，回环萦流，足资曲水流觞，潺湲有声，显示水体的动态之美，极大地丰富了我国园林水景的创造。园林建筑从极华丽的殿堂楼阁到极朴素的茅舍草堂，它们的个体形象和群体布局均丰富多样而不拘一格，这从敦煌壁画和传世的唐画中也能略窥其一斑。

④成熟前期——两宋

从北宋到清雍正朝的七百多年间，中国古典园林持续发展而臻于完全成熟。两宋作为成熟时期的前半期，是中国古典园林发展中一个极其重要的承先启后阶段。

宋朝作为我国文化艺术发展的一个高潮期，其最大特点在于文人造园。文人园林作为一种风格几乎涵盖了私家造园活动，他们将诗歌与绘画中的意境用园林的筑山理水等手法表现得淋漓尽致，极大地推动了造园艺术的发展。使得园林呈现为"画化"的表述，景题、匾联的运用，又赋予园林以"诗化"的特征。它们不仅更具体形象地体现了园林的诗画情趣，同时也深化了园林意境的蕴涵。文人园林的兴盛，成为中国古典园林达到成熟境地的一个重要标志。

皇家园林较多地受到文人园林的影响，园林规划设计讲求精致细腻，但数量和建设规模并不逊于隋唐，卞京的帝苑多达九处，其中最著名的是宋徽宗所建的寿山艮岳（图1-7），这是一座因风水之说而建立在皇城东北角的园林，耗费大量人力物力，从江南收罗异石运至都城为造园之用，在城市造园，属于城市园林。此时，还出现了结合城市近郊风景建设的自然风景园，以杭州西湖为代表。公共园林虽不是造园活动的主流，但较之以前更为活跃、普遍。

图1-6　唐代诗人王维的辋川别业（《辋川图》）

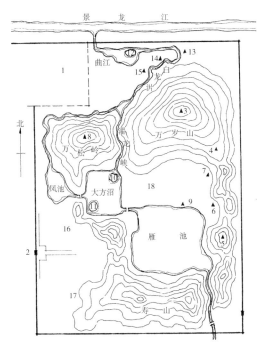

1. 上清宝箓宫　2. 华阳门　3. 介门　4. 萧森亭　5. 极目亭　6. 书馆
7. 粤绿华堂　8. 巢云亭　9. 绛霄楼　10. 芦渚　11. 梅渚　12. 蓬壶
13. 消闲馆　14. 漱玉轩　15. 高阳酒肆　16. 西庄　17. 药寮　18. 射圃

图1-7　寿山艮岳平面设想图

这一时期园林特征表现为各造园要素都趋于成熟。园林建筑的全部形式已基本呈现，尤其是建筑小品、建筑细部、室内家具陈设之精美，较之唐代又更胜一筹，这在宋人的诗词及绘画中屡屡见到。叠石、置石均显示其高超技艺，理水已能够缩移摹拟大自然界全部的水体形象与石山、土石山、土山的经营相配合而构成园林的地貌骨架。苏轼嗜石，家中以雪浪、仇池二石最为著名，米芾对奇石所定的"瘦、透、皱、漏"四字品评标准，沿用至今。观赏植物由于园艺技术发达而具有丰富的品种，为成林、丛植、片植、孤植的植物造景提供了多样选择余地。文人画写意的创作方法真正普遍地介入造园艺术，所以说，"写意山水园"的塑造到宋代才得以最终完成。

⑤成熟后期——元、明、清

元、明、清是中国古典园林发展的鼎盛时期，这一时期的园林建设主要表现在两个方面：一是以北京为主的皇家园林；二是以江南为主的私家园林。其他如山岳风景区、名胜风景区、城郊风景点等也有较大发展。到正德、嘉靖两朝，奢靡之风大盛，各地亭园华美的现象比比皆是。入清以后，自从康熙平定国内反抗，政局较为稳定之后开始建造离宫苑囿，从北京香山行宫、静明园、畅春园、清漪园（颐和园）（图1-8）到承德避暑山庄，工程迭起。

明清时候的皇家园林其规模与气势更胜从前，往往可居可游，一般与离宫结合在一起。如京城近郊的颐和园，不仅可在里面居住游玩，还将商街店面设于其中，且园中有园，其规模与奢华可见一斑。另一著名的皇家园林当属圆明园，此园在康熙时开始修建，历经百余年建设而成，与法国的凡尔赛宫合称世界园林史上的两大奇迹。

与此同时，私家园林也处在一个高度繁荣的建设时期，以江南为胜。江南在明清一直是重要的经济发展中心，文人雅士和富商贵族们大量修建私属园林。乾隆六下江南，各地官员、富豪大事兴建行宫和园林，以冀邀宠于一时，使运河沿线和江南有关城市掀起一阵造园热潮，其中最典型的当推盐商们的造园热。当时扬州城内有园数十，瘦西湖两岸十里楼台一路相接形成了沿水上游线连续展开的园林带。江南名园如拙政园（图1-9）、寄畅园、留园、网师园、瞻园等。私家园林不像北方皇家园林那样讲求宏大和奢华的场面与布局，而是小巧雅致、意趣横生，空间层次丰富多变，水面处理灵活，建筑形式多样化，特别是对借景、对景等设计手法运用颇多，追求"虽由人作，宛自天开"的意

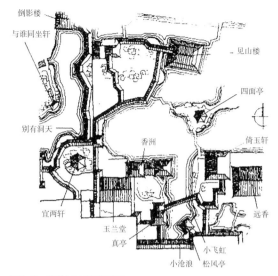

图1-8　拙政园中部平面图

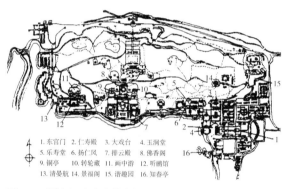

图1-9　颐和园万寿山建筑分布示意图

1. 东宫门　2. 仁寿殿　3. 大戏台　4. 玉澜堂
5. 乐寿堂　6. 扬仁风　7. 排云殿　8. 佛香阁
9. 铜亭　10. 转轮藏　11. 画中游　12. 听鹂馆
13. 清晏舫　14. 景福阁　15. 谐趣园　16. 知春亭

境。清时期园林的兴盛造就了一批从事造园活动的专家，如计成、周秉臣、张涟、叶洮、李渔、戈裕良等，其中计成著有《园冶》一书，是我国古代最系统的园林艺术论著，是江南民间造园艺术成就达到高峰境地的重要标志。

清末民初，封建社会完全解体，历史急剧变化，西方文化大量涌入，中国园林的发展亦相应地产生了根本性的变化，结束了它的古典时期，皇家园林与私家园林的建设衰退，开始进入近现代园林的发展阶段。由于受西方思潮的影响，建筑出现西方的折中主义样式，欧洲式的公园被引入中国，1906年，无锡、金匮建造"锡金花园"，成为我国自己建设的最早的公园。辛亥革命前后，在广

东、汉口、成都等地相继出现一些公园。

新中国成立后，政府开始在城市街头、城郊等公共场地建设园林绿地，供市民共同使用。20世纪80年代以来，随着改革开放及中国经济的迅速发展，各类型的园林建设活动开始大量开展，且以吸收西方现代园林设计思潮与手法为主。

（2）中国古典园林的基本特征

天人合一、君子比德、神仙思想是影响中国古典园林向着风景式方向发展的本质意识形态因素。"天人合一"包含两层意义：一是人是天地生成的，人的生活服从自然界的普遍规律；二是人生的理想和社会的运作应该和大自然谐调，保持两者的亲和关系。"君子比德"是从功利、伦理的角度来认识大自然，将大自然的某些外在形态、属性与人的内在品德联系起来，典型的如"智者乐水，仁者乐山。智者动，仁者静"，这种"人化自然"哲理必然会导致人们对山水的尊重。"神仙思想"产生于周末，盛行于秦汉，其中以东海仙山和昆仑山最为神奇，流传也最广，成为我国两大神话系统的渊源。这三个重要意识形态因素的哲理主导，使中国古典园林从雏形开始就不同于欧洲规整式园林的"理性自然"和"有秩序的自然"。

①本于自然，高于自然

自然风景以山、水为地貌基础，以植被做装点。山、水、植物是构成自然风景的基本要素，当然也是风景式园林的构成要素。但中国古典园林不是一般地利用或简单地模仿自然，而是有意识地加以改造、调整、加工、剪裁，正如"一拳则太华千寻，一勺则江湖万顷"，从而表现一个精练概括的、典型化的自然，既本于自然又高于自然的园林空间。

②建筑美与自然美的融糅

中国古典园林中的建筑，无论其性质、功能如何，都力求将其与山、水、花木等其他造园要素有机地组织在一起，突出彼此谐调、互相补充的一面，从而在园林总体上使得建筑美和自然美融合起来，达到人工与自然的高度和谐。

③诗画的情趣

园林是综合性的艺术，中国古典园林的创作能充分地把握这一特性运用各个艺术门类，将诗词歌赋、绘画书法等艺术熔铸于园林。使得园林从总体到局部都包含着浓郁的诗画情趣，即通常所谓的诗情画意。

④意境的蕴涵

意境是中国艺术创作和鉴赏方面的一个极重要的美学范畴。简单说来，意即主观的理念、感情，境即客观的生活、景物。意境产生于艺术创作中。此两者的结合，即创作者把自己的感情、理念熔铸于客观生活、景物之中，从而引发鉴赏者类似的情感激动和理念联想。中国古典园林中意境的体现可通过浓缩自然山水创设"意境图"、预设意境的主题和语言文字等方式来体现。

1.2.2 外国园林的发展

世界上最早的园林可以追溯到公元前16世纪的埃及，从古代墓画中可以看到祭司大臣的宅园采取方直的规划、规则的水槽和整齐的栽植。一般习惯于将古希腊、罗马为代表的欧洲建筑体系视为西方建筑，将以法国、英国、意大利等为代表的规则式园林称为西方园林。

（1）古代园林设计

埃及气候干旱，处于沙漠地区的人们尤其重视水和绿荫。从古王国开始就有了种植果木和蔬菜的园子，称为果园，分布在尼罗河谷地，公元前3500年就出现有实用意义的树木园、葡萄园、蔬菜园。与此同时，出现了供奉太阳神庙和崇拜祖先的金字塔陵园，成为古埃及园林形成的标志。古埃及园林可划分为宫苑园林、圣苑园林、陵寝园林和贵族花园四种类型。一般庭园成矩形，绕以高垣，园内以墙体分隔空间，或以棚架绿廊分隔成若干小空间，互有渗透与联系（图1-10）。

古巴比伦园林包括亚述及迦勒底王国在美索不达米亚地区建造的园林，其主要类型有猎苑、宫苑、圣苑三种。公元前7世纪的"悬园"（图1-11）是历史上第一名园，也被称为"空中花

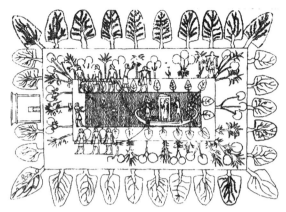

图1-10 古埃及园林派克玛拉（Pekhmara）

图1-11 古巴比伦的空中花园

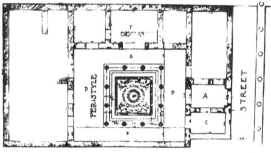

图1-12 带列柱的住宅平面图

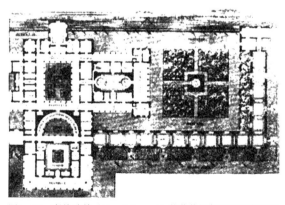

图1-13 豪德波特（Haudebourt）的劳伦提努姆别墅复原图（特里格斯）（Triggs，H.I）

园"，被列为世界七大奇迹之一。它由多层重叠的花园组成，顶上有殿宇、树丛和花园，山边层层种植花草树木，并将水引上山作成人工溪流和瀑布，远观有将庭园置于空中之感。另一重要的园林形式则是波斯庭园，由于气候干燥，庭园布局由十字交叉的水池构成，发展成为伊斯兰园林的传统。

古希腊是欧洲文明的摇篮，以苏格拉底、柏拉图、亚里士多德为杰出代表的古希腊哲学、美学、数理学研究，对整个欧洲园林产生了重大影响。数学和几何学的发展使西方园林朝着有秩序的、有规律的、协调均匀的方向发展。园林类型多样，主要可划分为庭院园林、圣林、公共园林和学术园林四种类型，成为后世欧洲园林的雏形。园林被看作是建筑整体的一部分，因为建筑是几何形空间，园林空间布局也采用规则形式以求得与建筑的协调（图1-12），体现均衡、稳定的秩序美。

古罗马境内多丘陵山地，在延续古希腊园林文化的基础上发展出极具特色的庄园，在园林类型上分为宫苑园林、别墅庄园园林（图1-13）、中庭式（柱廊式）园林和公共园林四大类型。园林布局结合山地地形多为台地状，这为后来文艺复兴时期著名的意大利台地园提供了基础。在植物种植形式上，罗马人比较重视多用低矮植物修剪成各种几何形式、文字和动物的象征图案，称为绿色雕塑或植物雕塑，形成早期规则式园林的基础。

古代园林涵盖范围宽广，对后来西方各类型园林的形成提供了基础，成为西方规则式园林的源头，且不同国家、地区的园林特性，也决定了西方园林未来以几种不同风格的园林闻名于世。

（2）中世纪欧洲的庭院

中世纪社会动荡，大多延续古希腊、古罗马的光辉。在中世纪西欧的造园中，可以分为两个阶段，一是以意大利为中心发展的寺院庭园时期；二是城堡庭园时期。而庭园的形式通常有两种：一种是装饰性庭院——回廊式中庭。寺院园林多是由建筑围绕形成中庭，柱廊形成建筑的边界（图1-14），中庭的中心位置一般设有水池、喷泉等，形成视觉中心。周围四块草地，种植以花卉、果树装饰，作为修道士休息、社交的场所。另一种是为了栽培果树、蔬菜或药草的实用性庭院，大都布局简单。中世纪前期西欧的造园是以意大利为中心的修道庭院，后期是以法国和英国为中心的城堡式庭院。

（3）文艺复兴时期意大利造园

意大利位于欧洲南部亚平宁半岛上，境内多山地和丘陵，独特的地形和气候条件是意大利台地园林形成的重要自然因素。由于文艺复兴不同时期的发展，可将园林形式分为美第奇式园林、台地园林和巴洛克式园林三种。

文艺复兴初期多为美第奇式园林，重视园林选址，要求符合远眺、俯瞰等借景条件。园地依山就势形成多个台层，且各台层相对独立，整体布局自由，没有明确的中轴线。建筑往往位于最高层以借景园内外，建筑风格尚保留一些中世纪痕迹。喷泉水池可作为局部中心，并与雕塑结合。水池造型比较简洁，理水技巧大方。绿丛植坛图案简单，多设在下层台地。

文艺复兴中期流行台地园林（图1-15）。整体布局同样依山势形成多个台层，但布局严谨，有明确的中轴线贯穿全园，联系各个台层，使之成为统一的整体，庭院轴线有时分主次轴，甚至不同轴线成垂直、平行或放射状。中轴线以上多以水池、喷泉、雕塑以及造型各异的台阶、坡道等加强透视效果，景物对称布置在中轴线两侧。庭院作为建筑室内向室外的延续，强调室内外空间效果的统一性。

文艺复兴后期主要流行巴洛克式园林。受巴洛克建筑风格的影响，园林中增加多数装饰小品。园内建筑体量较大，占有明显的控制全园的地位。园中的林荫道综合交错，甚至用三叉式林荫道布置方式。植物修剪技术空前发达，绿色雕塑图案和绿丛植坛的花纹也日益复杂精细。

（4）法国古典主义园林

17世纪的法国继承和发展了意大利造园艺术，J.布阿依索的《论造园艺术》成为西方最早的园林专著，直到出现勒诺特式园林将法国的古典园林艺术推向一个高潮。

图1-14　位于罗马的中世纪庭院圣保罗巴西利卡（St.Paul Basilica）

图1-15　意大利文艺复兴花园兰台

安德烈·勒诺特（Andre le notre，1613—1700）生于巴黎，出身园艺师家庭，学过绘画、建筑，曾到意大利游学，深受文艺复兴影响。回国后从事造园设计，博得"王之园师"的美称，提出"强迫自然接受匀称的法则"。勒诺特的设计具有统一的风格和共同的构图原则，根据法国地势平坦的地理特点与生活风尚，设计大面积草坪、花坛、

图1-16　凡尔赛中轴线鸟瞰

河渠，将高瞻远景变为前景的平眺。由于他既继承了法兰西园林民族形式的传统，又结合其他艺术手法与自然条件而创作出新的园林形式，通常把这个时期法国的园林形式称为勒诺特式，并流行于整个法国乃至全欧洲。

法国古典主义园林最主要的代表：孚—勒维贡府邸（Vaux-le-Vicomte）花园和凡尔赛宫苑都是勒诺特的作品。尤其是凡尔赛（图1-16），整个宫苑全面积是当时巴黎市区的1/4，总体布局采用明显的中轴线，以广大的空间适应盛大集会和游乐，以壮丽华美满足君主穷奢极欲的生活要求。宫殿放在城市和林莽之间，前面通过干道伸向城市，后面穿过花园伸进林莽，这条轴线就是整个构图的中枢。在中轴线上是一条纵向1 560米长，横向长1 013米，宽120米的十字形大运河，这条运河原来是低洼沼泽区，在具有泄水蓄水功能的同时，又以反光和倒影使宫苑显得更加宏伟宽阔。宫的南北两个侧翼，各有一大片图案式花坛群，在南面的称南坛园，台下有柑橘园、树木园，在北面的称北坛园，有花坛群、大型绿丛植坛的布置和理水设计。

法国古典主义园林，体现"伟大风格"，追求宏大壮丽的气派，体现皇权至上的思想。常用轴线放射状布局，有序布置宫殿等建筑物，水景和植物为主要造园元素。水景设计开阔平静，巧妙运用水池和河渠的方式，这种大片的静水使法国古典主义园林更加典雅。植物常用规整绿篱构筑花坛，巧妙地、大胆地组织植物题材构成风景线，并创造各个风景线上的不同视景焦点，或喷泉、或水池、或雕像互相都可眺望，这样连续地四面八方展望，视景一个接着一个，好似扩展、延伸到无穷无尽。勒诺特园林形式的产生，揭开了西方园林发展史上的新纪元。

（5）英国自然风景园林

英国是大西洋中的岛国，属海洋性气候，这为植物生长提供了良好的自然条件，并且英国是以畜牧业为主的国家，草原面积占国土的70%，森林占10%，这种自然景观为英国自然园林风格的形成奠定了天然的环境条件。再加上18世纪英国田园文学的兴起和自然风景画派的出现，在中国园林"虽由人作，宛自天开"的思想影响下，自然风景园林也更深入人心。英国申斯通的《造园艺术断想》，首次使用了风景造园学一词，风景式园林的产生，对欧洲园林艺术是一场深刻的革命。从18世纪初到19世纪的百年间，自然风景园林成为造园新时尚，园林专家辈出。威廉·肯特（William Kent，1686—1748）是英国风景园林的奠基人之一。他的学生，朗斯洛特·布朗（Lancelot Brown，1715—1783）继肯特之后成为英国园林界泰斗，他设计的园林遍布全英国，被誉为"大地的改造者"。胡弗莱·雷普顿（Humphry Rrpton，1752—1818）是18世纪后期最著名的风景园林大师，主张风景园林要由画家和造园家共同完成，给自然风景园林增添了艺术魅力。威廉·钱伯斯更极力传播中国园林艺术风格，为自然风景园林平添高雅情趣和意境。

英国自然风景园林可以划分为宫苑园林、别墅园林、府邸花园三种类型。自然风景园林追求广阔的自然风景构图，注重从自然要素直接产生的情感，模仿自然、表现自然、回归自然。成熟期的英国园林排除直线条道路、几何形水体和花坛、中轴对称布局和等距离的植物种植形式。尽量避免人工雕琢痕迹，以自由流畅的湖岸线、动静结合的水面、缓缓起伏的草地上高大稀疏的乔木或丛植的灌木取胜。在园林理水方面摒弃了规则式园林几何形水池、喷泉，利用自然湖泊或设置人工湖，湖中有岛，并有堤桥连接，湖面辽阔，有曲折的湖岸线，近处草地平缓，远方丘陵起伏，森林茂密。著名的邱园，是英国自然风景园林的代表作品（图1-17）。邱园以邱宫为中心，在其周围建园，形成了多个中心，其主要内容是植物园，具有中国风格的园林建筑如亭桥塔假山岩洞等为邱园增添风采。

英国风景式园林以其返本复出的自然主义和天然纯朴自由的风格冲破了长期统治欧洲的规则式园林教条的束缚，极大地推动了当时欧洲各国园林风格的变迁，对近代欧洲乃至世界各国园林的发展产生了深远的影响。

（6）伊斯兰园林

伊斯兰园林始自波斯，公元前5世纪的波斯"天堂园"，四面有墙，墙的作用是和外面隔绝，便于把天然与人为的界限划清。从8世纪被伊斯兰教徒征服后，波斯庭院开始把平面布置成方形"田"字。用纵横轴线分作四区，十字林荫路交叉处设中心水池，以象征天堂。在西亚高原冬冷夏热、大部分地区干燥少雨的情况下，水是庭院的生命，更是伊斯兰教造园的灵魂。

公元14世纪前后兴造的阿尔罕布拉宫（Alhambra），是伊斯兰园林的典型代表作品（图1-18）。由大小六个庭院和七个厅堂组成，以1377年所造的"狮庭"（CourtofLions）最为精美。庭中植有橘树，用十字形水渠象征天堂，中心喷泉的下面由十二石狮圈成一周，作为底座。各庭之间以洞门联系互通，隔以漏窗，可由一院窥见邻院。建筑物色彩丰富，装饰以抹灰刻花做底，染成红蓝金墨，间以砖石贴面，夹配瓷砖，嵌装饰阿拉伯文字。

伊斯兰园林对印度河流域的造园也影响颇深。构成古印度庭园的主要元素是水和凉亭，由于地处

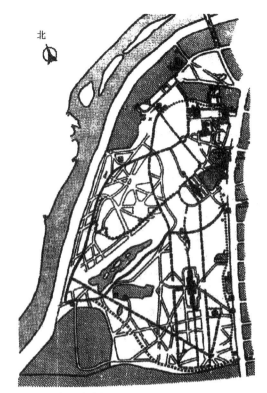

图1-17　邱园平面图

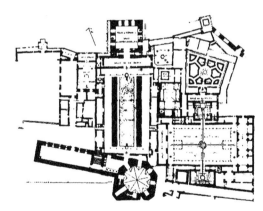

图1-18　阿尔罕布拉宫

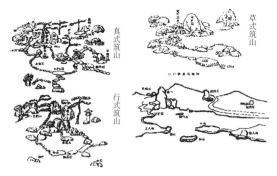

图1-19 真、行、草样式的筑山

图1-20 真、行、草三种样式的平庭

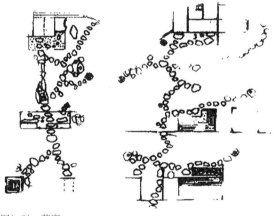

图1-21 茶庭

热带气候区，庭园植物以绿荫树为主，而不用花草造园。在历代国王中以沙·贾汉时代的伊斯兰庭院最为发达，泰姬陵（Taj Mahal）就是这一时期的印度伊斯兰式建筑和庭院的代表。它是一座优美而平坦的庭园，该园的特征就是它的主要建筑物均不位于庭园中心，而是偏于一侧，即在通向巨大的圆拱形天井大门之处，以方形池泉为中心，开辟了与水渠垂直相交的大庭园，迎面而立的大理石陵墓的动人的形体倒映在一池碧水之中。庭园也以建筑轴线为中心，取左右均衡的极其单纯的布局方式，用十字形水渠造成四个分园，在它的中心处筑造了一个高于地面的白色大理石的美丽喷水池。

（7）日本园林

日本园林深受中国文化的影响，尤其是在唐宋山水园和禅宗思想由中国传入日本以后发展很快，并且结合日本国土的地理条件和风俗特点，形成了具有独特风格的日本园林形式。日本庭园以少胜多、小中见大的园林特点尤胜于其他风格的园林形式，善于利用每一平方米的空间，给人创造出一种悦目爽神而又充满诗情画意的境界。

日本民族所特有的山水庭的主题是在小块庭地上表现一幅自然风景的全景图。这是结合自然地形地貌组织园林景观，并将外界的风景引入园林里来，是自然风景模型的缩小，是完全忠实于自然的，是自然主义的写实，但又富有诗意和哲学的意味，是象征主义的写意。

日本庭园形式大致可分为下列几种：

①筑山庭。又称山水庭或筑山泉水庭，主要有山和池，即利用地势高差或以人工筑山引入水流，加工成逼真的山水风景。另一种抽象的形式，称作枯山庭。在狭小的庭园内，将大山大水凝缩，用白砂表现海洋、瀑布或溪流，是内涵抽象美的表现（图1-19）。

②平庭。即在平坦地上筑园，主要是再现某种原野的风致。其中可分许多种：芝庭——以草皮为主；台庭——以青苔为主；水庭——以池泉为主；石庭——以砂为主；砂庭——不同于石庭，有时伴以苔、水、石作庭；林木庭——根据庭园的不同要求配置各种树木（图1-20）。

③茶庭。附随茶室的庭园，是表现茶道精神的场所。庭院四周用竹篱围起来，有庭门和小径，通到茶室，以飞石、洗手钵为观赏的主要部分，设置石灯笼，以浓荫树作背景，主要表现自然的片断和茶道的精神（图1-21）。

1.2.3　现代园林的产生与特征

（1）西方现代园林的产生

18世纪末开始的英国工业革命导致环境恶化，政府划出大量土地用于建设公园和新居住区环境。随着工业城市的出现和现代民主社会的形成，英国的皇家园林开始对公众开放。随即法国、德国等国家争相效仿，开始建造一些为城市自身以及城市居民服务的开放型园林。传统园林的使用对象和使用方式发生了根本性变化，开始向现代景观空间转化。

19世纪中叶，美国也出现了大量的城市公园。1854年，继承唐宁思想的奥姆斯特德在纽约修建了360 hm²的中央公园，传播了城市公园的思想，影响深远。城市公园（Public Park）的产生是对城市卫生及城市发展问题的反映，是提高城市生活质量的重要举措之一。城市公园成为真正意义上的大众园林，它通常用地规模较大，环境条件复杂，要求在设计时综合考虑使用功能、大众行为、环境、技术手段等要素，有别于传统园林的设计理论与方法。可以说，19世纪欧美的城市公园运动拉开了西方现代园林发展的序幕。城市公园运动尽管使园林在内容上与以往的传统园林有所变化，但在形式上并没有创造出一种新的风格。真正使西方现代园林形成一种有别于传统园林风格的是20世纪初西方的工艺美术运动和新艺术运动而引发的现代主义浪潮，正是由于一大批富有进取心的艺术家们掀起的一个又一个的运动，才创造出具有时代精神的新的艺术形式，从而带动了园林风格的变化。

19世纪中期，在英国以拉斯金和莫里斯为首的一批社会活动家和艺术家发起的"工艺美术运动"是由于厌恶矫饰的风格、恐惧工业化的大生产而产生的，因此在设计上反对华而不实的维多利亚风格，提倡简单、朴实、具有良好功能的设计，在装饰上推崇自然主义和东方艺术。

在工艺美术运动的影响下，欧洲大陆又掀起了一次规模更大、影响更加广泛的艺术运动——新艺术运动。新艺术运动是19世纪末20世纪初在欧洲发生的一次大众化的艺术实践活动，它反对传统

图1-22　巴塞罗那居尔公园

的模式，在设计中强调装饰效果，希望通过装饰的手段来创造出一种新的设计风格，主要表现在追求自然曲线形和直线几何形两种形式。新艺术运动中的园林以庭园为主，对后来的园林产生了广泛的影响，它是现代主义之前有益的探索和准备，同时预示着现代主义时代的到来（图1-22）。

现代主义受到现代艺术的影响甚深，现代艺术的开端是马蒂斯开创的野兽派（The wild Beasts）。它追求更加主观和强烈的艺术表现，对西方现代艺术的发展产生了重要的影响。20世纪初，受到当时几种不同的现代艺术思想的启示，在设计界形成了新的设计美学观，它提倡线条的简洁、几何形体的变化与明亮的色彩。现代主义对园林的贡献是巨大的，它使得现代园林真正走出了传统的天地，形成了自由的平面与空间布局、简洁明快的风格和丰富的设计手法。

（2）西方现代园林的代表人物及其理论

西方现代园林设计从20世纪早期萌芽到当代的成熟，逐渐形成了功能、空间组织及形式创新为一体的现代设计风格。

现代园林设计一方面追求良好的使用功能，另一方面注重设计手法的丰富性和平面布置与空间组织的合理性。特别是在形式创造方面，当代各种主义与思想、代表人物纷纷涌现，现代园林设计呈现出自由性与多元化特征。

图1-23　本特利树林景观

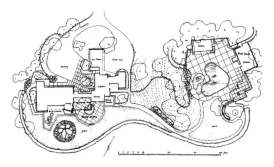

图1-24　唐纳花园平面图

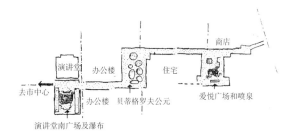

图1-25　波特兰大市系列广场和绿地平面位置图

①唐纳德（Christopher Tunnard 1910—1979，英国）

唐纳德是英国著名的景观设计师，他于1938年完成的《现代景观中的园林》一书，探讨在现代环境下设计园林的方法，从理论上填补了这一历史空白。在书中他提出了现代园林设计的三个方面，即功能的、移情的和艺术的。

唐纳德的功能主义思想是从建筑师卢斯和柯布西耶的著作中吸取精髓，认为功能是现代主义景观最基本的考虑。移情方面来源于唐纳德对于日本园林的理解，他提倡尝试日本园林中石组布置的均衡构图的手段，以及从没有情感的事物中感受园林精神所在的设计手法。在艺术方面，他提倡在园林设计中，处理形态、平面、色彩、材料等方面运用现代艺术的手段。

1935年，唐纳德为建筑师谢梅耶夫设计了名为"本特利树林"（Bentley wood）的住宅花园（图1-23），完美地体现了他提出的设计理论。

②托马斯·丘奇（Thomas Churh 1902—1998，美国）

托马斯·丘奇是20世纪美国现代景观设计的奠基人之一，是20世纪少数几个能从古典主义和新古典主义的设计完全转向现代园林的形式和空间的设计者之一。20世纪40年代，在美国西海岸，私人花园盛行，这种户外生活的新方式，被称之为"加洲花园"，是一个艺术的、功能的和社会的构成，具有本土性、时代性和人性化的特征。它使美国花园的历史从对欧洲风格的复制和抄袭转变为对美国社会、文化和地理的多样性的开拓，这种风格的开创者就是托马斯·丘奇。"加洲花园"的设计风格，平息了规则式和自然式的斗争，创造了与功能相适应的形式，使建筑和自然环境之间有了一种新的衔接方式。丘奇最著名的作品是1948年的唐纳花园（Donnel Garden）（图1-24）。

③劳伦斯·哈普林（Lawrence Halprin 1916—，美国）

劳伦斯·哈普林是新一代优秀的景观规划设计师，是第二次世界大战后美国景观规划设计最重要的理论家之一，他视野广阔，视角独特，感觉敏锐，从音乐、舞蹈、建筑学及心理学、人类学等学科吸取了大量知识。这也是他具有创造性、前瞻性和与众不同的理论系统的原因。哈普林最重要的作品是1960年为波特兰大市设计的一组广场和绿地（图1-25）。3个广场由爱悦广场（Lovejoy plazz）、柏蒂格罗夫公园（pettigrove park）、演讲堂前庭广场（Auditoriun Fore-court现称为Ira c keller Fountain）组成，它由一系列改建成的人行林荫道连接在这个设计中，充分体现了他对自然的独特的理解。他依据对自然的体验来进行设计，将人工化了的自然要素插入环境，无论从实践还是理论上来说，劳伦斯·哈普林在20世纪美国的景观规划设计行业中，都占有重要的地位。

④布雷·马克斯（Roberto Burle Mark 1909—1994，巴西）

布雷·马克斯是20世纪最杰出的造园家之一。布雷·马克斯将景观视为艺术，将现代艺术在景观中的运用发挥得淋漓尽致。他的形式语言大多来自于米罗和阿普的超现实主义，同时也受到立体主义的影响，在巴西的建筑、规划、景观规划设计领域展开了一系列开拓性的探索。他创造了适合巴西的气候特点和植物材料的风格。他的设计语言如曲线花床（图1-26），马赛克地面被广为传播，在全世界都有着重要的影响。

图1-26　现代艺术博物馆景观

1.2.4　景观设计的多样化发展趋势

从20世纪20年代至60年代起，西方现代园林设计经历了从产生、发展到壮大的过程，70年代以后园林设计受各种社会的、文化的、艺术的和科学的思想影响，呈现出多样的发展。

（1）生态主义与现代园林

1969年，美国宾夕法尼亚大学为园林教授麦克哈格（Lan Mcharg 1920—2001）出版了《设计结合自然》一书，提出了综合性生态规划思想，在设计和规划行业中产生了巨大反响。20世纪70年代以后，受生态和环境保护主义思想的影响，更多的园林设计师在设计中遵循生态的原则，生态主义成为当代园林设计中一个普遍的原则。

（2）大地艺术与现代园林

20世纪60年代，艺术界出现了新的思想，一部分富有探索精神的园林设计师不满足于现状，他们在园林设计中进行大胆的艺术尝试与创新，开拓了大地艺术（Land Art）这一新的艺术领域。这些艺术家摒弃传统观念，在旷野、荒漠中用自然材料直接作为艺术表现的手段，在形式上用简洁的几何形体，创作出这种巨大的超人尺度的艺术作品。大地艺术的思想对园林设计有着深远的影响，众多园林设计师借鉴大地艺术的手法，巧妙地利用各种

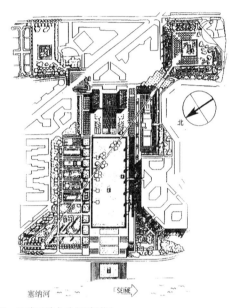

图1-27　巴黎雪铁龙公园平面图

材料与自然变化融合在一起，创造出丰富的景观空间，使得园林设计的思想和手段更加丰富。

（3）"后现代主义"与现代园林

进入20世纪80年代以来，人们对现代主义逐渐感到厌倦，于是"后现代主义（Post-modernism）"这一思想应运而生。与现代主义相比，后现代主义是现代主义的继续与超越，后现代的设计是多元化的设计。历史主义、复古主义、折中主义、文脉主义、隐喻与象征、非联系有序系统层、讽刺、诙谐都成了园林设计师可以接受的思想。1992年建成的巴黎雪铁龙公园（Parc Andre-Citroen）（图1-27）带有明显的后现代主义的特征。

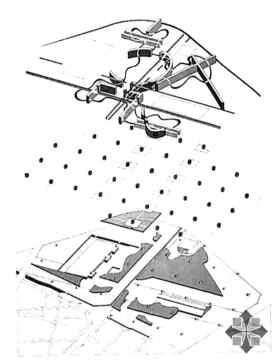

图1-28 拉·维莱特公园模型照片

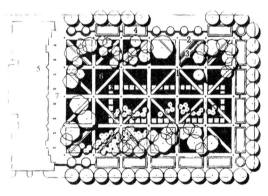

1. 石步道 2. 水池 3. 座椅
4. 花池 5. 建筑 6. 草地 7. 广场

图1-29 伯纳特公园（Burnett Park）平面图

（4）"解构主义"与现代园林

"解构主义"（Deconstruction）最早是法国哲学家德世达提出的。在20世纪80年代成为西方建筑界的热门话题。"解构主义"可以说是一种设计中的哲学思想，它采用歪曲、错位变形的手法，反对设计中的统一与和谐，反对形式、功能、结构、经济彼此之间的有机联系，产生一种特殊

的不安感。解构主义的风格并没有形成主流，被列为解构主义的景观作品也极少，但它丰富了景观设计的表现力，巴黎为纪念法国大革命200周年建设的九大工程之一的拉·维莱特公园（Parc de la viuette）（图1-28）是解构主义景观设计的典型实例，它是由建筑师屈米（Bernard Tschumi 1944—）设计的。

（5）"极简主义"与现代园林

极简主义（Minimalsm）产生于20世纪60年代，它追求抽象、简化、几何秩序，以极为单一简洁的几何形体或数个单一形体的连续重复构成作品。极简主义对于当代建筑和园林景观设计都产生相当大的影响，不少设计师在园林设计中从形式上追求极度简化，用较少的形状、物体和材料控制大尺度的空间，或是运用单纯的几何形体构成景观要素和单元，形成简洁有序的现代景观。具有明显的极简主义特征的是美国景观设计师彼得·沃克（Peter Walker）的作品（图1-29）。

西方现代园林从产生、发展到壮大的过程都与社会、艺术和建筑紧密相连。各种风格和流派层出不穷，但是发展的主流始终没有改变，现代园林设计仍在被丰富，与传统进行交融，和谐完美是园林设计者们追求的共同目标。

1.3 景观设计原理

1.3.1 景观设计空间原理

空间序列组织是关系到景观整体结构和布局的全局性问题。良好的景观空间环境涉及空间尺度、空间围合以及与自然的有机联系等。空间往往通过形状、色彩、光影来反映空间形态，最终表达空间的比例尺度、阴影轮廓、差异对比、协调统一、韵律结构等，空间的存在也是为了满足功能和视觉需求的。

（1）空间要素

景观空间形态与周围建筑的体形组合、立面所限定的建筑环境、街道与建筑的关系、场地的几何形式与尺度、场地的围合程度与方式、主体建筑物

与场地的关系，以及主体标志物与场地的关系、场地的功能等有着密切的关系。

景观的空间要素主要分为基面要素、竖直要素、设施要素三大方面。

①基面要素是指参与构成环境底界面要素，包括城市道路、步行道、广场、停车场、绿地、水面、池塘等。

②竖直要素是指构成空间围合的要素，如建筑物、连廊、围墙，成行的树木、绿篱、水幕等。

③设施要素是指景观环境中具有各种不同功能的景观设施小品如提供休息、娱乐的座椅、花架，提供信息的标志牌、方向标；此外还有提供通信、照明、管理等服务的各类设施小品。

（2）空间尺度

1）规划设计尺度

从规划设计的角度，景观设计分为6个尺度，即：区域尺度（100 km×100 km）、社区尺度（10 km×10 km）、邻以尺度（1000 m×1000 m）、场所尺度（100 m×100 m）、空间尺度（10 m×10 m）、细部尺度（1 m×1 m）（《景观设计师便携手册》）。无论项目类型如何，景观设计师都必须具备对所有尺度产生影响的生态、文化和经济过程的基本知识。

2）社会距离

①亲密距离：0~0.45 m，是指父母和儿女、恋人之间的距离，是表达爱抚、体贴、安慰、舒适等强烈感情的距离。

②个体距离：0.45~1.3 m，是亲朋好友之间进行各种活动的距离，非常亲近，但又保留个人空间。

③社交距离：1.3~3.75 m，是同事之间、一般朋友之间、上下级之间进行日常交流的距离。

④公共距离：3.75 m以上的距离，适合于演讲、集会、讲课等活动，或彼此毫不相干的人之间的距离。

3）人体尺度

人体本身的尺度和活动受限于一定的范围（图1-30）。美国有关机构对人的活动空间做过调

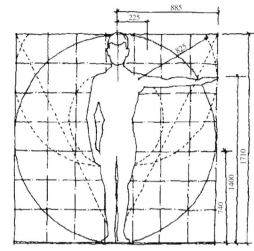

图1-30　人体尺度和活动受限范围

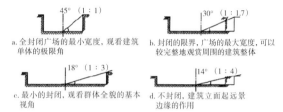

图1-31　围合高宽比例示意图

查，步行是参与景观的重要方式，步行距离根据目的、天气状况、文化差异而定，大多数人能接受的步行距离是不超多500 m。人在活动时，对面前的空间有一个舒适的尺度要求。根据不同活动人与人之间的空间距离要求是：公共集会——1.8 m，购物——2.7~3.6 m，正常步行——4.5~5.4 m，愉快地漫步——10.5 m以上。

人的视觉尺度也是景观设计重要的参考因素：人类天生的视力状况是：3~6 m是能看清表情、可以进行交谈的距离，12 m是可以看清面部表情的最大距离，24 m是可以看清人脸的最大距离，135 m是可以看清一个人动作的最大距离，1200 m是可以看清人轮廓的最大距离。

（3）空间围合

我们以空间的高宽比来描述围合空间程度，一般从1∶1~1∶4，不同比例下会产生不同的视觉效果（图1-31）。其实，景观空间的围合程度反映了从景观空间的中心欣赏周围边界及其建筑的感受

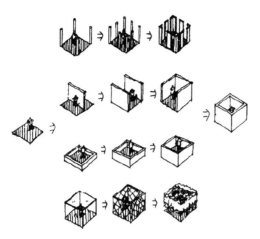

图1-32 由开敞到封闭的不同围合方式

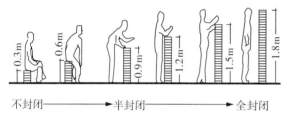

不封闭———→半封闭———→全封闭

图1-33 不同高度墙体所产生的围合关系

程度。空间感、领域感的形成，是精心组织空间和周围环境边界的结果。空间围合有很多种方式（图1-32）。

不同高度的景墙对空间、视线与功能会有不同的作用（图1-33）。在对空间的需求中，人们的生理实用性较容易得到满足。

（4）空间序列

任何艺术形式都具有其特有的序列，如文学、音乐、戏剧等。例如，音乐形象是在声音系列运动中呈现出来的，用有组织的音乐形象来表达人的情感，通过对声音的有目的的选择和组织，以及对节奏、速度、力度等因素的控制，组成曲式，构成创造音乐形象的物质材料。

景观空间通过其特有的艺术语言：空间组合、体形、比例、尺度、质感、色调、韵律以及某些象征手法等，构成丰富复杂如乐曲般的体系，体现一种造型的美，形成艺术形象，制造一定的意境，引起人们的联想与共鸣。文学和音乐的序列都可以成为景观空间序列的借鉴。景观空间序列由入口空间、主题空间（系列主题）和呼应空间组成。

1.3.2 景观设计视觉原理

视觉是人类对外界最重要的感知方式，通过视觉获得外界信息，一般认为对于正常人75%～80%的信息是通过视觉获得的，同时90%的行为是由视觉引起的，可见在对景观的认识过程中，视觉比听觉、嗅觉、触觉等发挥着更大的作用。

（1）视距

景观效应的产生取决于观察者和对象之间的距离。杨·盖尔在《交往与空间》中提到社会性视距（0～1 000 m），他提出：在500～1 000 m的距离内，人们根据背景、光照、移动可以识别人群；在100 m可以分辨出具体的个人；在70～100 m可以确认一个人的年龄、性别和大概的行为动作；在30 m能看清面部特征、年龄和发型；在20～25 m大多数人能看清人的表情和心绪，在这种情况下，才会使人产生兴趣，才会有社会交流的实现。因此，20～25 m是场所设计的重要尺度。

（2）视野

有良好的视野，同时保证视线不受干扰，才能完整而清晰地看到"景观"。视野是脑袋和眼睛固定时，人眼能观察到的范围。观赏景观时，眼睛在水平方向上能观察到120°的范围，清晰范围大约45°；在垂直方向能观察到130°的范围，清晰范围也是45°，中心点1.5°范围最为清晰（图1-34）。

在景观环境的整体设计中，应主次有别，主要的空间亦可以看见其他为人们的参观、交往提供场所的小环境，同时，为人的活动与行为给予引导。

视角作为被观赏对象的高度与视距之比，其实就是竖向上的视野，对全面整体的欣赏景观意义重大（图1-35）。

（3）视差

人的视觉系统总要用一定时间才能识别图像元素，科学实验证明，人眼在某个视像消失后，仍可使该物像在视网膜上滞留0.1～0.4 s。而一个画面在人脑中形成印象则需要2～3 s。

这个原理可以运用在乘车观赏的沿路景观设计中。若以每小时60 km的车速行进，每2～3 s行进30～50 m，这就要求沿路建筑或绿化植物的一个构图单元要超过50 m长度才能给人留下印象。事实也是如此，很多城市高速公路连接线两侧的植物景观单元长度一般都超过50 m。

同时，景是通过人的眼、耳、鼻、舌、身等多种感觉器官接受的。景的感受不是单一的，往往是多因素综合的结果；同一景色对不同的民族、文化背景、职业、年龄、性别、社会经历、兴趣爱好、即时情绪的人，也会产生不同的感受。视觉意义上的空间，其空间形象、小品、雕塑等会吸引人们的目光，带来某种心理感受。同时环境中奇异的造型、鲜艳的色彩、强烈的光影效果都会吸引人们去注意。

1.3.3　艺术构图法则

构成景观的基本要素是点、线、面、体、质感、色彩，如何组合这些要素，构成秩序空间创造优美的高品质的环境，必须遵循美学的一般规律，符合艺术构图法则。

（1）统一与变化

统一与变化是形式美的主要关系。统一意味着部分与部分及整体之间的和谐关系；变化则表明其间的差异。统一应该是整体的，变化应该是在统一的前提下有秩序的变化，变化是局部的。过于统一易使整体单调乏味、缺乏表情，变化过多则易使整体杂乱无章、无法把握。因此，在设计中要把握好统一整体中间变化的"度"。其主要意义是要求在艺术形式的多样变化中，保持其内在的和谐与统一关系，既显示形式美的独特性，又具有艺术的整体性。

（2）节奏与韵律

韵律是由构图中某些要素有规律地连续重复产生的。重复是获得节奏的重要手段，简单的重复单纯、平稳；复杂的、多层面的重复中各种节奏交织

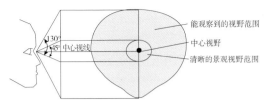
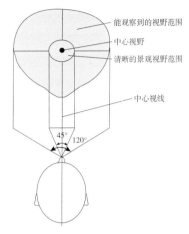

图1-34　人眼睛的视野示意

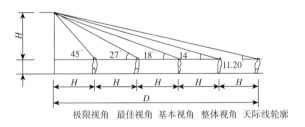

图1-35　景物高度与视距之比关系图

在一起，有起伏、动感，构图丰富，但应使各种节奏统一于整体节奏之中。

①简单韵律。简单韵律是由一种要素按一种或几种方式重复而产生的连续构图。简单韵律使用过多易使整个气氛单调乏味，有时可在简单重复基础上寻找一些变化。

②渐变韵律。渐变韵律是由连续重复的因素按一定规律有秩序地变化形成的，如长度或宽度依次增减，或角度有规律地变化。

③交错韵律。交错韵律是一种或几种要素相互交织、穿插所形成的。

（3）均衡与对称

均衡指景观空间环境各部分之间的相对关系，

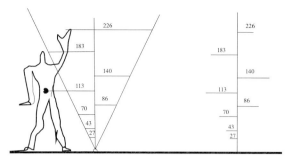

图1-36　勒·柯布西耶模数体系

有对称和不对称平衡两种形式，前者是简单的、静态的；后者是随着构成因素的增多而变得复杂、具有动态感。均衡的目的是为了景观空间环境的完整和安定感。

（4）比例与尺度

比例是使得构图中的部分与部分或整体之间产生联系的手段。比例与功能有一定的关系，在自然界或人工环境中，但凡具有良好功能的东西都具有良好的比例关系。例如人体、动物、树木、机械和建筑物。不同比例的形体具有不同的形态感情。

①黄金分割比。分割线段使两部分之比等于部分与整体之比的分割称为黄金分割，其比值（ϕ=1.618…）称为黄金比。两边之比等于黄金比的矩形称为黄金比矩形，它被认为是自古以来最均衡优美的矩形。

②整数比。线段之间的比例为2∶3，3∶4，5∶8等整数比例的比称为整数比。由整数比构成的矩形既有匀称感、静态感，而由数列组成的复比例如2∶3∶5∶8∶13等构成的平面具有秩序感、动态感。现代设计注重明快、单纯，因而整数比的应用较广泛。

③平方根矩形。由包括无理数在内的平方根$\sqrt{n}$（n为正整数）比构成的矩形称为平方根矩形。平方根矩形自古希腊以来一直是设计中重要的比例构成因素。以正方形的对角线作长边可作得$\sqrt{2}$矩形，以$\sqrt{2}$矩形的角线作长边可得到$\sqrt{3}$矩形，依此类推可作得平方根$\sqrt{n}$矩形。

④勒·柯布西耶模数体系。勒·柯布西耶模数体系是以人体基本尺度为标准建立起来的，它由整

数比、黄金比和费波纳齐级数组成（图1-36）。勒·柯布西耶进行这一研究的目的就是为了更好地理解人体尺度，为建立有秩序的、舒适的环境设计提供一定的理论依据。这对内、外部空间的设计都很有参考价值。该模数体系将地面到脐部的高度1 130 mm定为单位A，其高为A的ϕ倍（$A\times\phi\approx1130\times1.618\approx1829$ mm），向上举手后指尖到地面的距离为$2A$。将A为单位形成的ϕ倍费波纳齐级数列作为红组，由这一数列的倍数形成的数组作为蓝组，这两组数列构成的数字体系可作为设计模数。

1.4　景观设计的技术应用

景观设计的技术应用主要表现在以下几个方面。

（1）景观材料

景观设计离不开材料的应用，材料的质感、肌理、色泽和拼接的工艺是景观设计师进行景观创作和造型的物质手段。不同材料的运用创造出的环境效果和环境氛围会完全不一样。

常用的材料包括：石材、金属、玻璃、木材、竹材、砖、瓦以及现代复合材料等。合理有效地运用这些材料不仅是满足环境景观功能作用的重要手段，同时在形成美观舒适的空间界面，创造特定的环境氛围等方面有着重要的作用。

（2）施工工艺

景观环境的形成与景观施工技术的高低密切相关，景观施工是根据景观设计图纸进行综合的种植、安装和铺设建造的过程。

在设计过程中，应该注意选择合适的材料，并充分考虑到材料经施工拼接后形成的整体效果。要考虑到植物、材料的运输和施工工序给最后的景观效果带来的影响。要综合考虑到有机和无机材质的运用。与此同时，还要考虑到施工时对现有物质、地貌的影响及作用等。

（3）声光电等现代技术

随着现代技术的发展和社会生活功能的日益

完善，现代人对景观环境的追求不仅局限于传统的静态环境造景方式，而是多技术、全方位的观感需求。比如，太阳能作为一种清洁无污染的能源，发展前景非常广阔，太阳能发电已成为全球发展速度最快的技术。灯光喷泉是一种将水或其他液体经过一定压力通过喷头喷洒出来具有特定形状的组合体，提供水压的一般为水泵，经过多年的发展，现在已经逐步发展为几大类：音乐喷泉、程控喷泉、音乐程控喷泉、激光水幕电影、趣味喷泉等，加上特定的灯光、控制系统，起到净化空气、美化环境的作用。

综合运用声光电技术使现代景观有了更进一步的飞跃，也符合现代人们的生活品味要求。

（4）计算机运用

计算机的发展与运用为景观设计提供了科学、精确的表现手段。它能够形成形象、仿真的效果，为修改、复制、保存和异地传输等方面提供了便利的条件。

| 知识重点 |

（1）景观的概念是什么？

（2）与景观设计相关的学科有哪些？

（3）中国园林发展经过了哪几个阶段？

（4）西方园林主要有那几个派系？

（5）景观设计原理有哪些？

2 景观设计要素与造景手法

2.1 景观设计自然要素

2.1.1 地形

地形指的是地表呈现出的高低起伏的各种状态。地形是外部环境的地表要素，是其他诸要素的基础和依托，是构成整个外部空间的骨架，地形布置和设计的恰当与否会直接影响到其他要素的作用。地形可以分为：大地形，如山谷、高山、丘陵、平原；中地形，如土丘、台地、斜坡、平地、台阶、坡道；微地形，如沙丘的纹理、地面质地的变化。

（1）景观设计中地形要素的意义和重要性

①作为环境设计的基础要素，联系其他环境景观因素。

②决定了某一区域的美学特征，如山地景观、平原景观等。

③影响环境景观的空间构成和人在其空间内的感受。

④影响排水、小气候和土地等方面的使用。

（2）地形的类型

从形态上来看，地形可以划分为以下几种：

①平坦地形

平坦地形在视觉上与水平面平行（图2-1），是最简明、最稳定的地形，开阔空旷，易让人产生舒适感和踏实感，但易缺少空间层次和私密场所；水平地形的视觉中性特征使之给人以宁静的感觉，易成为引人注目的物体的背景；多方向性特点给设计带来更多的选择。

②凸地形

凸地形就是带有动态感和进行感的地形（图

图2-1 平坦地形不能形成私密的空间限制

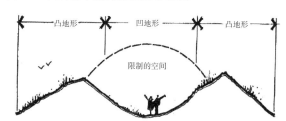

图2-2 凸地形能够围合空间，同时具有视线外向和鸟瞰作用

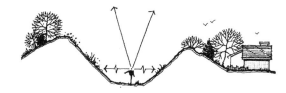

图2-3 凹地形空间具有私密性

2-2），较易成为环境中的焦点和支配地位的要素，空间上能够作为景观标志或视觉导向。因此，凸地形是呈外向性的地形，具有视线外向和鸟瞰作用的特点，可以提供观察周围环境更广阔的视野。而凹空间建立了限制空间范围的边界。

③凹地形

凹空间在地形中呈碗状洼地，与凸地形相连（图2-3），其空间感取决于周围坡度和高度。具有内向性、分割感、封闭感和私密感，不易受外界干扰，可将处于该空间的人的注意力集中于凹地中心。凹地形较好的围合空间，其良好的内向性和封闭性是设计表演剧场的理想场地；同时，可以避风沙，有良好的小气候，但凹地形处往往是汇水的区域，设计时要重视解决排水问题。

④山脊

山脊近似凸地形的线形形态（图2-4），但对一般凸地形来说，山脊的区域范围以及尺度更大，有着更多的视点且视野效果更好，并且位于山脊线或平行于山脊线的地带大多是最方便易行的区域；同时，山脊线具有导向性和动势感，引导视线；具有空间分隔作用，可以作为分割领域边缘的自然限定要素。

⑤谷地

谷地综合了凹地形的形态特点（图2-5），同时向山脊地形一样呈线状，并且具有方向性特点。许多自然运动形式，如溪流、河流等，都处于沿谷底处或谷地的区域，因此，景观活动相对较易产生。然而，谷地往往属于敏感的生态和水文地域，因此，在谷地的规划设计中，避开生态敏感的区域非常重要。

（3）地形的功能和地形因素的运用

①分隔空间

地形的制高点和斜坡面能够自然地构成空间限定，烘托空间氛围，如：平坦、起伏平缓带来轻松感，陡峭崎岖则是兴奋恣纵的感觉。同时地形在一定程度上制约了空间的走向。

②控制视线

地形的起伏会影响可视目标和可视区域，设计中可以利用地形控制观赏者和景物之间的高度和距离；利用地形引导观景或阻挡屏蔽不好的景观视线，以可变化的观赏点交替，展现或屏蔽目标景物，建立空间序列。

③影响导游路线和速度

地形是空间引导，同时也可以阻拦空间，利用这一点能够在规划设计中影响导游路线的制定。以地形起伏开合变化改变运动频率，影响游览速度。

④利用地形排水

在景观规划与设计中，确定径流量和径流方向，控制地表径流，利用地形自然排水。

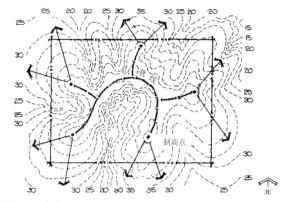

图2-4　山脊

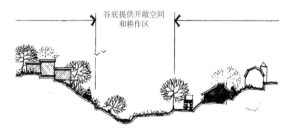

图2-5　谷地

⑤利用地形创造小气候

有效地利用地形能够影响日照、风向、降水，创造舒适宜人的小气候。

⑥美学特征

地形是最明显的视觉特征之一，区域特征往往由占主导的地形决定，土壤本身柔软具有可塑造性，可以依据美学法则塑造具变化美感的地形。

⑦实用功能

地形会影响土地用途的确定和组织，每一种功能对应一个最佳坡度条件，影响一种土地用途与另一种土地用途间的关系，由对内部功能的组织关系上的制约，影响土地开发形式。一般来说坡度在25°以上的区域是不利于开发的。

2.1.2　气候

气候现象本身就是一种景观。例如，冬日壮丽的雪景，夏日惊心动魄的雷电景象，秋日秋高气爽的怡人景色，春日春暖花开、生机盎然的田园气派。全国各地各种文化景观，与当地气候条件有着密不可分的关系。

图2-6　一年四季的自然景观

图2-7　青藏高原和桂林漓江

（1）气候的自然特征

气候最显著的特征是年度、季节和日间温度的变化。这些特征随纬度、经度、海拔、日照强度、植被条件以及海湾气流、水体、积冰和沙漠等气候影响因素的变化而变化。

阳光的日照变化对规划和设计意义显著，一天和一年中随着日照、光影、天气、气候的变化所带来的自然景观也是不同的（图2-6）。不同区域的气候也造就了不同的自然景观特征，青藏高原雄伟广袤的高山草原与桂林漓江的秀山秀水由于地理上的差异带来了气候的不同，所呈现出的自然景观也完全不同（图2-7）。

（2）气候的社会特征

气候直接影响人们的生理健康和精神状态，这反过来对规划提出要求。因此，最好在研究气候区时标明在区域气候和天气下形成的社区特定的行为反应和形式，反应在特殊的食物和菜肴、衣着、习俗及喜爱的娱乐方式、教育水平和文化追求上。一个人的高度、体重、循环、呼吸、排汗和脱水及是否适应环境等因素都与气候有直接的关系，这并非偶然，有合理的气候原因。简而言之，一个人的饮食、信仰等方面都是由气候引起的地方特征。这类由气候导致的地域性特征往往直接或间接地改变着当地的景观特性，而这些景观特性并非全为物质性的呈现。因此，我们可以从文学、艺术和音乐等方面清楚地洞察不同区域和当地居民的特点，这样的规划，详细的调查是必要的。

（3）气候类型

太阳辐射是气候带形成的基本因素。太阳辐射在地表的分布，主要取决于太阳高度角。太阳高度角随纬度增高而递减，不仅影响温度分布，还影响气压、风系、降水和蒸发，使地球气候呈现出按纬度分布的地带性。

我国的主要气候类型有以下几种：

①热带季风气候

包括台湾省的南部、雷州半岛和海南岛等地。最冷月平均气温不低于16℃，年极端最低气温多年平均不低于5℃，极端最低气温一般不低于

0℃，终年无霜。

②亚热带季风气候

我国华北和华南地区属于此种类型的气候。最冷月平均气温-8~0℃，是副热带与温带之间的过渡地带，夏季气温偏高，冬季气温偏低。

③温带季风气候

我国内蒙古和新疆北部等地属于此种类型的气候。最冷月平均气温为-28~-8℃，夏季平均气温多数仍超过22℃，但超过25℃的已很少见。

④温带大陆性气候

广义的温带大陆性气候包括温带沙漠气候、温带草原气候及亚寒带针叶林气候。

⑤高原山地气候

我国青藏高原及一些高山属于此种类型的气候。日平均气温低于10℃，最热的气温也低于5℃，甚至低于0℃。气温日差大而年差较小，但太阳辐射强，日照充足。

2.1.3 水体

水是景观设计中最迷人和最激发人兴趣的因素之一。在室外环境中，很少有人会忽视或忘记水的形象。人的亲水性是与生俱来的，人类有着本能地利用水和观赏水的需求。

（1）水的特性

由于水是液体，因此，在设计中水本身无确定的形状，所见到的特性，都是由外在的因素直接造成的。水只能由环境因素来表现其特征，环境条件改变了，水的特征也随之而改变，可以说水在各个方面都是靠环境来表现其特色的。另外，水受到许多因素的影响，因此，水是具有高度可塑性和富于弹性的设计元素。水受到外来因素的影响而不时地改变着自己的风貌，同时，由于水有许多出人意料的变化，因而能使整个设计产生许多趣味性（图2-8）。

（2）水的功能

水在室外空间设计和布局中有许多作用，有些用途与设计中的视觉方面有直接的关系，而另一些则是属于实用上的需要。因此，水的一般性用途可

图2-8 各种类型的水景

分为：实用功能和美学观赏功能。

①水的实用功能

A.用于灌溉

水常具有的实用功能是用来灌溉稻田、花园草地、公园绿地以及类似的地方。对于比较干旱的乡村，如加利福尼亚、亚利桑那、新墨西哥和科罗拉多，如果没有灌溉，植物就无法生长。此外也可将肥料溶于水中，凭借灌溉系统来施肥，这种方法既方便又可节省时间和费用。有灌溉系统的草地能经受得起超量的使用，因为草坪生长在水源充足的条件下，生长健壮繁茂。

B.对气候的控制

水可用来调节室外环境空气和地面温度。大面积的水域能影响其周围环境的空气温度和湿度。在夏季，水面吹来的微风具有凉爽作用；而在冬天，水面的热风能保持附近地区温暖。这就使在同一地

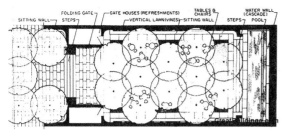

图2-9　佩里公园（Paley Park）平面图

图2-10　佩里公园（Paley Park）

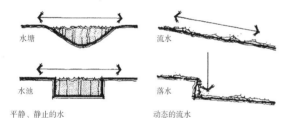

平静、静止的水　　　　动态的流水

图2-11　静态的水与动态的水

区有水面与无水面的地方有着不同的温差。较小水面有着同样的效果。水面上水的蒸发，使水面附近的空气温度降低，因此，无论是池塘、河流或喷泉，其附近空气的温度一定比没有水的地方低。如果有风直接吹过水面，刮到人们活动的场所，则更加强水的冷却效果。西班牙摩尔人在阿尔罕布拉宫所建的花园，就利用了这个原理来调节室内外的空气温度。

C.控制噪声

水能用于室外空间减弱噪声，特别是在城市中有较多的汽车、人群和工厂的嘈杂声，可以用水来隔离噪声。利用瀑布或流水的声响来减少噪声干扰，造成一个相对宁静的气氛。纽约市的佩里公园

（Paley Park），就是用水来阻隔噪声的。这个坐落在曼哈顿市的小公园，利用挂落的水墙，阻隔了大街上的交通噪声，使公园内的游人减少了噪声的干扰（图2-9、图2-10）。由于这些噪声的减弱，人们在轻松的背景下，就不会感到城市的混乱和紧张。其他用叠水来掩盖噪声的例子，如劳伦斯·哈尔普林在西雅图设计的高速公路公园。

D.提供娱乐

水在景观中的另一个普遍作用是提供娱乐条件。水能作为游泳、钓鱼、帆船、赛艇、滑水和溜冰场所。这些水上活动，可以说是对整个国家湖泊、河流、海洋的充分利用。而景观设计师的任务是对从私家房后的水池，到区域性的湖泊和海滨等不同尺度所需要的不同水上娱乐设施的规划和设计。为配合娱乐活动，这些设施包括浴室、码头、野餐设施以及住宅等。在开发水体作为娱乐场所时，要注意不要破坏景观，要保护水体，同时要巧妙布置和保护水源。

②水的美学功能

水除了以上的使用功能以外，还有许多美化环境的作用。要使水发挥其观赏功能，并与整个景观相协调，所采取的步骤与其他设计元素是相同的。也就是说，景观设计师首先要决定水在设计中对室外空间的功能作用，其次再分析以什么形式和手法才适合于这种功能。由于水的性质多变，存在着多种视觉上的用途，因此在设计时要谨慎进行。以下就水的动态与静态分别讨论其较为常见的视觉美感上的作用（图2-11）。

A.静态的水

平静的水，其水面如镜，可以映照出天空或地面物，如建筑、树木、雕塑和人。水里的景物，令人感觉如真似幻，为赏景者提供了新的透视点，一平如镜的水使环境产生安宁和沉静感。

水面的反光也能影响空间的明暗。这一特性要取决于天光、水池的池面、池底以及赏景者的角度。例如在阳光普照的白天，池面水光晶莹耀眼，与草地或铺装地面的深沉暗淡形成强烈的对比。池中水平如镜，映照着蓝天白云，令人觉得轻盈。同

时反衬着沉重厚实的地面。有时这种效果能使沉浑、坚实的地面有一种虚空感（图2-12）。

B.动态的水

流动的水则表现环境的活泼和充满生机感，如流水景观、跌落的瀑布、滑落的水景、喷泉等，结合着水声、光效，形成丰富多彩的景观焦点，使室外环境增加活力与乐趣（图2-13）。

图2-12　华盛顿纪念碑前平静的水面

2.1.4　植物

在景观环境的布局与设计中，植物是一个极其重要的自然素材。不同的植物形态各异、千变万化，如枝繁叶茂的高大乔木、娇艳欲滴的鲜花、爬满棚架的藤本植物等。植物是有生命的，是变化的，它们随季节和生长的变化而在不停地改变其色彩、质地、叶丛疏密以及全部的特征。植物不仅是景观设计的重要构成因素，而且还能使环境充满生机，创造生命的迹象，升华美的感受。

图2-13　约翰逊设计的水园

（1）植物的类别

①乔木

一般来说，乔木体型高大、主干明显、分支点高、寿命较长。依其形体高矮常分为大乔（20 m以上）、中乔（8~20 m）、小乔（8 m以下）。按一年四季是否落叶又分为落叶乔木和常绿乔木（图2-14）。

乔木是园林景观中的骨干植物，在功能或艺术处理上起主导作用。常见的乔木有香樟、黄桷树、悬铃木、榕树、栾树、五角枫、柳树、国槐、合欢、玉兰等。乔木是植物景观的骨架，搭好了骨架，就为整个景观的构建奠定了基础，同时，高大的乔木树种也为其他植物的生长提供了生态上的支持。

图2-14　乔木

②灌木

灌木是指那些没有明显的主干、呈丛生状态的树木，一般体高2 m以上者称大灌木，1~2 m为中灌木，高度不足1 m为小灌木（图2-15）。

灌木能提供亲切的空间，屏蔽不良景观，或作为乔木和草坪之间的过渡，对控制风速、噪声、眩光、热辐射、土壤侵蚀等有很大作用。一般可分为

图2-15　灌木

图2-16 藤本植物

图2-17 竹类

图2-18 花卉

图2-19 草坪

观花、观果、观枝干等几类，常见灌木有玫瑰、杜鹃、牡丹、小檗、黄杨、沙地柏、铺地柏、连翘、迎春、月季、荆、茉莉、沙柳等。

③藤本植物

藤本植物，又名攀缘植物，是指茎部细长，不能直立，只能依附在其他物体（如树、墙等）或匍匐于地面上生长的一类植物，如爬山虎、常春藤、扶芳藤紫藤、葡萄、藤本月季、凌霄（图2-16）。

藤本植物可以美化墙面，或是构成绿化棚架、绿廊等，提供季节性的叶色、花、果和光影图案。

④竹类

竹类属禾本科竹亚科，是一类再生性很强的植物，是重要的造园材料，是构成中国传统园林的重要元素。竹枝杆挺拔、修长，亭亭玉立，婀娜多姿，四季青翠，凌霜傲雨，备受我国人民喜爱，有"梅兰竹菊"四君子之一、"梅松竹"岁寒三友之一等美称。

竹类大者可高达30 m，用于营造经济林或创造优美的空间环境。小者可盆栽观赏或作地被植物。它是一种观赏价值和经济价值都极高的植物类群（图2-17）。

⑤花卉

花卉是指姿态优美、色彩鲜艳、气味香馥且具有观赏价值的草本和木本植物，通常多指草本植物（图2-18）。

⑥草坪

草坪多指园林中用人工铺植草皮或播种草子培养形成的整片绿色地面（图2-19）。

草坪植物可以建立具有吸引力的活动场所，游人可以在上面散步、休息、娱乐等。草坪还有助于减少地表径流，降低辐射热和眩光，并且柔化生硬的人工地面。

（2）植物景观的功能作用

①生态功能

A.调节城镇空气中O_2和CO_2含量

绿色植物在阳光下进行光合作用，每吸收44 g CO_2，放出32 g O_2。由于光合速率比呼吸速率约大20倍，因而绿色植物能够有效地减少城镇空气中的CO_2，补充O_2，使空气较为新鲜。一个成年人，每日吸入$0 \sim 75kg$ O_2，呼出$0 \sim 9kg$ CO_2，需10 m^2左右的树林或25 m^2左右的草地来生产O_2。

B.减尘效应

植物对粉尘有明显的阻挡、过滤和吸附作用。茂密的树冠能降低风速，使较大颗粒因重力而下沉；叶面能截留粉尘；粗糙的或具茸毛的叶面容易附着粉尘；有些植物的叶、茎还能分泌树脂、黏液，可以黏附粉尘；植物覆被着地表，能减少扬尘。

C.消减噪声

城镇中的交通工具、音响设备、人的喧闹声、建筑工地、工矿企业的噪声，对人体有显著的不良影响，妨碍工作、学习、生活，有害听力，导致神经衰弱、消化不良等。

树林、绿篱、树丛能消减噪声。投射到植物叶片上的声波可被反射、散射，或造成叶子的微振而削弱；植物本身也是一种多孔材料，对声波有一定的吸收能力。

D.改善气候条件

植物对调节气温、空气湿度、遮挡太阳辐射都具有良好的作用。例如重庆炎热的夏季，最高气温超过40℃，有行道树的马路，最高气温比无行道树的要低3℃以上，相对湿度增加10%～20%，遮阴效果更为明显。建筑物的垂直绿化有降温、隔热的效果。用爬山虎遮盖受太阳西晒的房屋墙壁，夏季可使室内气温降低2～3℃。

此外，植物还能减低风速、涵养水分、防止地表水土流失、增加区域性的降水量。

②建造功能

植物的建造功能对室外环境的总体布局和室外空间的形成非常重要。

在设计过程中，植物在景观中的建造功能是指它能充当的构成因素，植物可以用于空间中的任何一个平面，在地平面上，以不同高度和不同种类的地被植物或矮灌木来暗示空间的边界，如建筑物的地面、天花板、围墙、门窗一样。从构成角度而

低矮的植物形成的开敞空间

半开敞空间

覆盖空间

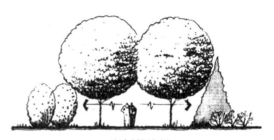

完全封闭空间

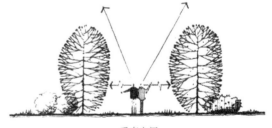

垂直空间

图2-20　植物的建造功能

言，植物是一个设计或一室外环境的空间围合物。在自然环境中，植物同样能成功地发挥它的建造功能，由地平面、垂直面以及顶平面单独或共同组合成具有实在的或暗示性的范围围合。

在景观设计中利用植物而构成的一些基本空间类型有：开敞型空间、半开敞型空间、覆盖空间、完全封闭空间、垂直空间（图2-20）。

图2-21 对植

图2-22 列植

图2-23 篱植

图2-24 孤植

图2-25 丛植

③观赏功能

植物的美学观赏功能不言而喻。利用植物的大小体量、外形、色彩、香味、声响、质感、季相变化能够创造优美的观赏景点。

植物不仅是城市建筑重要的背景和配景，同时也可作为观赏主景。它能在环境中对建筑物、构筑物及建筑群起到完善统一的作用。利用植物作对景、障景、隔景、框景、夹景、漏景等，可以增加空间的层次，分隔联系，含蓄景深，装点山水，衬托建筑。

（3）种植形式

①规则式

A.对植

对植是指用两株或两丛相同或相似的树，按照一定的轴线关系，作相互对称或均衡的种植形式，主要强调公园、建筑、道路、广场的出入口（图2-21），同时结合庇荫和装饰美化的作用，在构图上形成配景和夹景，与孤植树不同，对植很少做主景。

B.列植

列植即行列栽植，是指乔灌木按一定的株行距成排成行地种植，或在行内株距有变化（图2-22）。当列植的线形由直线变为一个圆形，可称之为环植。行列栽植形成的景观比较整齐、单纯、气势大，如道路广场、工矿区、居住区、办公大楼。

C.篱植

篱植由灌木和小乔木以近距离的株行距密植，栽成单行或双行的，其结构紧密的规则种植形式，称为绿篱或绿墙（图2-23）。

②自然式

A.孤植

孤植是指乔木或灌木的孤立种植类型，是一种自然式种植形式，在园林的功能上，一是单纯作为构图艺术上的孤植树；二是作为园林中庇荫和构图艺术相结合的孤植树（图2-24）。

B.丛植

丛植通常由两株到十几株同种或异种乔木，

或乔、灌木组合而成的种植类型，是园林绿地中重点布置的一种种植类型，它以反映树木群体美的综合形象为主，因此要很好地处理株间、种间的关系（图2-25）。

C.群植

群植是由多数乔、灌木（一般在20～30株以上）混合成群栽植而成的类型，所表现的主要是群体美，也像孤植树和树丛一样，可做构图的主景。

D.林植

林植是成片、成块大量栽植乔、灌木，以构成林地和森林景观，也称树林，多用于大面积公园的安静区、风景游览区或休、疗养区，以及卫生防护林带等，又分为密林和疏林两种。

2.2 景观设计人工要素

2.2.1 建筑物

建筑物，无论是单体还是群体，都是主要的室外环境设计因素。建筑物能构成并限制室外空间，影响视线、改善小气候，能影响毗邻景观的功能结构。建筑物不同于其他涉及风景建造的设计因素，这是因为所有建筑物都有自己的内部功能，这些就体现在它们的墙壁所围成的区域内，或体现在邻近的基地内。建筑物及其环境是大多数人活动的主要场所，这些活动包括吃饭、睡觉、工作学习和社交等。

建筑群落与空间类型如下：

（1）中心开敞空间（图2-26）

一个极简单而普通的布置建筑物的原理，就是将建筑物聚拢在与所有这些群集建筑有关联的中心开敞空间周围。这种中心空间可被当作整个设计或周围环境的空间中心点。历史上，一般中心开敞空间的例子有：佛罗伦萨的德拉西诺里亚广场、锡耶纳（意大利中部城市）的德尔坎波广场、罗马的迪桑皮特罗广场以及威尼斯的圣马可广场。

（2）定向开放空间（图2-27）

定向开放空间是指被建筑群所限制的空间某一面形成开放性，以便充分利用空间外风景区中的

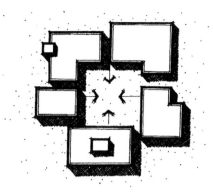

图2-26 中心开敞空间

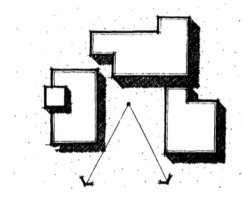

图2-27 定向开放空间

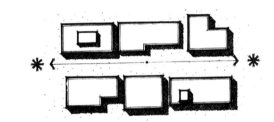

图2-28 直线型空间

重要景色。当围绕开放空间的建筑围合缺少一部分时，由此而构成了空间的方向。空间如同流水，总是向最无阻挡的方向流去，由于定向开放空间具有极强的方向性，因此在总体空间中组织安排其他因素，如植物素材或地形时，必须时刻保持空间的方向性。

（3）直线型空间（图2-28）

建筑群体构成的第三种类型空间，是直线型空间。这种类型的空间相对而言呈长条、狭窄状，在一端或两端均有开口。一个人如站在该类型的空间

图2-29 组合线型空间

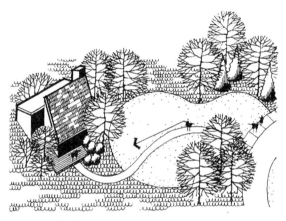

图2-30 铺装道路可引导视线方向

中，能毫不费力地看到空间的终端。大多数城镇街道就属于该类型空间。典型的代表是华盛顿政区的摩尔街。

（4）组合线型空间（图2-29）

由建筑群所构成的另一种基本带状空间，称为组合线型空间。该类空间与直线型空间的不同之处，在于它并非是那种简单的、从一端通向另一端的笔直空间，这种空间在拐角处不会中止，而且各个空间时隐时现，这类空间会有相连接的隔离空间序。当今的城镇街道很多属于这种空间类型，当穿行在这类空间中时，行人的注意力不时变化。一般说来，行人的注意力会被引向他所站立的次空间终端，但当他继续朝前行进并到达这一终点时，另一个未曾看见的次空间便立刻进入眼帘，并且注意力又被引向新的终端。这一情形的连续性，在该类空间中穿行时不断重复出现，给行人一种迷人的感觉，这是因为行人被好奇感所驱使，竭力想知道在拐角处会看到什么。

而在搜索的过程中，行人得到变化多端的视野和领略到意外出现的空间景物之乐趣。

2.2.2 地面铺装

地面覆盖材料有水以及植被层，如草坪、多年生地被植物或低矮灌木。这些都是特性各异的设计要素，它们可以被统一使用在地面上，获得各种各样的设计效果。在所有这些地面覆盖要素中，铺装材料是唯一"硬质"的结构要素。

所谓铺装材料，是指具有任何硬质的自然或人工的铺地材料。设计师们按照一定的形式将其铺于室外空间的地面上，一方面建成永久的地表，另一方面也满足设计的目的。主要的铺装材料包括：沙石、砖、瓷砖、条石、水泥、沥青以及在某些场合中所使用的木材。

铺装的功能作用如下：

（1）提供高频率的使用

铺装材料最明显的使用功能，便是具有适应长期受磨蚀的地方。保护地面不直接受到破坏。与草坪或地被相比较，铺装材料的地面，能经受住长久而大量的践踏磨损，从而不会损伤土壤表面层。

（2）引导作用

铺装材料的第二个功能是提供方向性，当地面被铺成一条带状或某种线型时，它便能指明前进的方向（图2-30）。铺装材料能以几种方式发挥这一功能。第一，铺装材料可以通过引导视线和将人或车辆吸引在其"轨道上"，来引导如何从一个目标移向另一目标。当一条带状铺面是以草坪或乡村的田野为背景时，可以指示人们在两点之间应该如何走，往哪边走。如乡村的道路，或通向建筑大门的步行道，公园中的幽径，以及校园中引导人们穿行空旷空间的小道。所有这些形式均向行人示意应向何处行走。

（3）暗示游览的速度和节奏

除了能导向外，铺装材料的形状还能影响行走的速度和节奏。铺装的路面越宽，运动的速度也就会越缓慢（图2-31）。在较宽的路上，行人能随意停下观看景物而不妨碍旁人行走，而当铺装路面较窄时，行人便只能一直向前行走，几乎没有机会停留（在不离开铺装路面的情况下）。上述运动特点还可以得到进一步强调，如在较宽的铺装地面上，使用较粗糙难行的铺装材料，就不会行走很快。而在狭窄的路上铺装平坦光滑，则利于快速行走。

在线型道路上行走的节奏也能受到铺装地面的影响。行走节奏包括两个部分，一是行人脚步的落处，二是行人步伐的大小。这两者都受到各种铺装材料的间隔距离、接缝距离、材料的差异、铺地的宽度等因素的影响。

（4）提供休息的场所

铺装地面与导向相反的作用是产生静止的休息感。当铺装地面以它相对较大、并且无方向性的形式出现时，会暗示着一个静态可停留的地面，或铺装形式的无方向性和稳定性适用于道路的停留点和休息地，或用于景观中的交汇中心空间。

（5）对空间比例的影响

在外部空间中，铺装地面的另一实用功能和美学功能便是能影响空间的比例。每一块铺料的大小，以及铺砌形状的大小和间距等，都能影响铺面的视觉比例（图2-32）。形体较大、较开展，会使一个空间产生一种宽敞的尺度感。而较小、紧缩的形状，则使空间具有压缩感和亲密感。用砖或石条形成的铺装形状，可被运用到大面积的水泥或沥青路面，以缩减这些路面的表面宽度，并在这些单调的材料上提供视觉的调剂。在原铺装中加入第二类铺装材料，能明显地将整个空间分割较小，形成更易被感受的副空间。当在地面上使用具有对比性的材料时，必须考虑其色彩和质地的差异。一般说来，具有素色、细质特点的材料，易于在总体上调和。而形状越显著，差别越大，对比越强烈，更引人注意。

（6）统一作用

铺装地面有统一协调设计的作用，铺装材料这一作用，是利用其充当与其他设计要素和空间相关联的公共因素来实现的。即使在设计中，其他因素会在尺度和特性上有着很大的差异，但在总体布局中，处于一共同的铺装之中，相互之间便连接成一

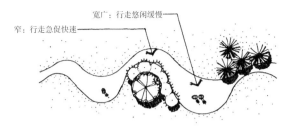

图2-31　游览的速度与路面宽窄有关

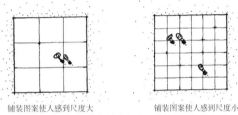

铺装图案使人感到尺度大　　　铺装图案使人感到尺度小

图2-32　铺装的形式影响着室外空间的尺度

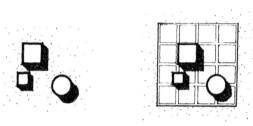

图2-33　铺装能统一和连接各个因素

格体。当铺装地面具有明显或独特的形状，易被人识别和记忆时，可谓是最好的统一者。在城市环境中，铺装地面这一功能最为突出，它能将复杂的建筑群和相关联的室外空间，从视觉上予以统一起来（图2-33）。

（7）构成空间个性

铺装地面具有构成和增强空间个性的作用。用于设计中的铺装材料及其图案和边缘轮廓，都能对所处的空间产生重大影响。不同的铺料和图案造型，都能形成和增强这样一些性质和不同的空间感，如细腻感、粗犷感、宁静感、喧闹感、城市和乡村感。就特殊的材料而言，方砖能赋予一个空间以温暖亲切感，有角度的石板会给人轻松自如、不拘谨的气氛。而混凝土则会产生冷清、无人情味的感受。因此，在设计中，为了满足所需的情感，就应在铺装材料上有目的地选择使用。在那种需

图2-34 铺装细节处理

图2-35 铺装图案和地域特色

要温暖和睦的空间中，决不应使用沥青铺装（图2-34）。

（8）创造视觉趣味

铺装地面在景观中的最后一个作用，就是与其他的功能一起来创造视觉趣味。当人们穿行于一个空间时，行人的注意力很自然地会看向地面，他们会很注意自己脚下的东西以及下一步应踩在什么地方。因此，铺装的视觉特性对于设计的趣味性起着重要的作用。在有些设计中，铺地材料和造型的选择也许仅仅为了观赏；而另一方面，独特的铺装图案不仅能提供观赏，而且还能形成强烈的地方色彩（图2-35）。

2.2.3 构筑物

所谓园林构筑物是指景观中那些具有三维空间的构筑要素，这些构筑物能在由地形、植物以及建筑物等共同构成的较大空间范围内，完成特殊的功能。园林构筑物在外部环境中一般具有坚硬性、稳定性以及相对长久性。园林构筑物主要包括台阶、坡道、墙、栅栏以及公共休息设施。此外，阳台、顶棚或遮阳棚、平台以及小型建筑物等也属于园林构筑物。从以上所列举的种种构筑物可以看出，园林构筑物属于小型"建筑"要素，它们具有不同的特性和用途。

（1）台阶

在景观中，游人或其他行人常常需要以某种安全有效的方式从地平面上某一高度迈向另一高度。而台阶和坡道则正可以帮助人们完成这种高度变化的运动。这两种结构都具有坚硬、永久性的表层，从而使人们能按其结构方式或以一定的倾斜度上、下移动（图2-36）。

（2）坡道

坡道是使行人在地面上进行高度转化的第二种重要方法。如前所述，坡道与台阶相比具有一重要的优点，那就是坡道面几乎容许各种行人自由穿行于景观中。在"无障碍"区域的设计中，坡道乃是必不可少的因素。在坡道斜面上，地面可以将一系列空间连接成一整体，不会出现中断的痕迹。不过

图2-36 可观赏可使用的台阶设计

图2-37 坡道结合台阶设计

应该注意，有些人（比如穿高跟鞋的女性），或是遇到下雨天气，会感到在斜面上行走比阶梯上走更艰难，这时人们更喜欢阶梯（图2-37）。

（3）墙与栅栏

应用于外部环境中的另一种现场构筑形式便是墙体和栅栏。这两种形式都能在景观中构成坚硬

图2-38　墙与栅栏

图2-39　景观座椅

图2-40　灯具

的建筑垂直面，并且有许多作用和视觉功能。墙体可以分为两类：独立墙和挡土墙。独立墙是单独存在的，与其他要素几乎毫无联系，而作为挡土墙来说，是在斜坡或一堆土方的底部，抵挡泥土上的崩散。栅栏可以由木材或金属材料构成，栅栏比墙薄而且轻（图2-38）。

（4）座椅

座椅是长凳、矮墙、草坪或其他可供人休息就座的设施，是园林构成的另一因素：它们可以直接影响室外空间给人的舒适和愉快感；室外座位的主要目的是提供一个干净又稳固的地方供人就座。此外，座位也是提供人们休息、等候、谈天、观赏、看书或用餐的场所（图2-39）。

（5）小品

景观小品一类是装饰性的雕塑，起到隔景、框景、组景等作用的小品设施，如花架、景墙、漏窗、花坛绿地的边缘装饰、保护园林设施的栏杆等。景观小品往往用寓意的方式赋予园林鲜明而生动的主题，提升空间的艺术品位及文化内涵，使环境充满活力与情趣，对园林的空间形成分隔、解构，丰富园林景观的空间构图增加景深，对视觉进行引导。另外，景观小品还包括如各种导游图版、路标指示牌等对游人有宣传、引导、教育等作用的展示设施，还有卫生设施如厕所、果皮箱以及灯光照明小品、通信设施、音频设施等（图2-40）。

景观小品形式多种多样，所用的构造材料也有所不同，很多小品设计时全面考虑了周围环境、文化传统、城市景观等因素。

台阶、坡道、墙、栅栏以及座椅等要素，均能增加室外环境的空间特性和价值。在较大的、较显著的要素如地形、植物和建筑的关系对比上，园林构筑物可算是规模较小的设计要素。它们主要被用于增加和完善室外环境中细节处理方面。台阶和坡道便于两个不同高度面的运动，墙体和栅栏则为分割空间和空间结构提供方便。而座椅则为游人休息和观赏提供方便，从而使室外空间更人性化，对景观设施正确的使用，会使景观更具吸引力，更易满足人们的需求。

2.3 景观设计基本原则及造景手法

2.3.1 景观设计基本原则

（1）以人为本原则

以人为本的景观设计即人性化景观设计，是人类在改造世界过程中一直追求的目标，是设计发展的更高阶段，是人们对设计师提出的更高要求，是人类社会进步的必然结果。人性化设计是以人为轴心，注意提升人的价值，尊重人的自然需要和社会需要的动态设计哲学。在以人为中心的问题上，人性化的考虑也是有层次的，以人为中心不是片面的考虑个体的人，而是综合地考虑群体的人，包括社会的人、历史的人、文化的人、生物的人、不同阶层的人和不同地域的人，等等。考虑群体的局部与社会的整体结合，社会效益与经济效益相结合，使社会的发展与更为长远的人类的生存环境的和谐与统一。也就是说景观设计只有在充分尊重自然、历史、文化和地域的基础上结合不同阶层人的生理和审美需求，才能体现设计以人为本理念的真正内涵。因此，人性化设计应该是站在人性的高度上把握设计方向，以综合协调景观设计所涉及的深层次问题。

（2）生态性原则

与自然共生是人的基本需求，生态文明是现代文明的重要组成部分。生态问题已经成为当前城市景观规划中的一个焦点问题。在景观设计中，环保主要体现在人与自然的亲和及绿化等方面。西方的绿色研究（Green Studies）提倡市内的绿色景观与室外的自然融合，内外合成一个有机的整体，自然也成为景观的一部分；而景观则是对自然的改善和提升。

与此同时，景观设计的生态性原则还应该体现在节约上。现代建筑对能源的巨大消耗以及对生态平衡的破坏所引发的生态问题已是一个不争的事实。为了景观建筑中某些富于象征意味的视觉形象，在看似简洁、明快的景观造型背后，往往要付出比传统的繁文缛节式的造型更加昂贵的代价。

生态是环境景观设计永远的主题，尊重、注重保护和利用现有的自然景观资源，创造一个人工环境与自然环境和谐共存、相互补充，面向可持续发展的理想生态环境是最根本的原则。经济合理地利用土地和其他自然资源，实现向自然适度索取与最优回报间的平衡，共生、共荣、共存、共乐、共雅。

（3）文化性原则

作为一种文化载体，任何景观都必然地地处特定的自然环境和人文环境，自然环境条件是文化形成的决定性因素之一，影响着人们的审美观和价值取向。同时，物质环境与社会文化相互依存、相互促进、共同成长。针对景观设计活动，其创作过程必然与社会各种文化现象有着千丝万缕的联系，如政治、经济、文化、艺术等，除了物质要素如顺应历史的大地形态、采用先进的技术手段、使用生态的景观材料等必要的并且是基本的要求之外，还渗入各种精神与文化意识。

景观设计除了要满足人们的多种使用功能以外，还承载着表现地域文化的职责。隐喻和象征是重要的文化表达方式。设计中应当挖掘场地的特质，充分把握场地的历史文化内涵，采取恰当的方式营造园林景观，激发人们对于园林环境更深的理解和想象。

要使景观作品具有文化内涵，就一定要真正理解文化的精神意义，更多地运用人类积淀的精神财富，优秀的景观作品还将作为当代的精神财富传承给后人、后世。

（4）艺术性原则

艺术本身是一种文化现象，是文化的一个重要组成部分，园林景观正如文学、绘画、雕塑、建筑、音乐、舞蹈、戏剧等艺术形式一样，作为艺术的一种形式，除了在总体上要遵循文化性原则外，景观设计要按照艺术创作的规律，遵循艺术性原则，做到设计统一与变化，讲求均衡，注重比例与尺度、韵律与节奏等。把握景观设计风格，综合运

图2-41　拙政园借景园外北寺塔

用造景元素的多样化立体形态进行有机组合，创造既丰富又统一的园林风貌。利用景观形式中的基本要素点、线、面、体、质感、色彩等，组织这些要素构成秩序空间，创造优美高品质的环境。

（5）多元性原则

现代景观的发展过程受到建筑思潮、当代艺术以及相近设计专业的影响，景观设计队伍也呈现多元化，这些因素带来景观设计风格的多样化。同时新材料和新技术的运用更是为其注入了新鲜的创作元素。景观所处大环境的差异也是创作中重点考虑的元素，不同环境条件下的园林有其不一样的特质。

2.3.2　景观设计主要造景手法

景观造景有如撰文画画，有法而无定式。同一景色画家可用不同笔法表现之，摄影师可从不同角度拍摄之，同一园林景观也可用不同构思设计，组成优美的景观，是一个重要的课题。其中景观设计主要的造景手法有：借景、对景、框景、点景、障景等。

（1）借景

有意识地把园外的景物"借"到园内视景范围中来。借景是中国园林艺术的传统手法。一座园林的面积和空间是有限的，为了扩大景物的深度和广度，丰富游赏的内容，除了运用多样统一、迂回曲折等造园手法外，造园者还常运用借景的手法，收无限于有限之中。借景之作用在于扩大园林的视景范围，增加园林欣赏的景观层次（图2-41）。

借景的方式概括起来有：

①近借。在园中欣赏园外近处的景物。

②远借。在不封闭的园林中看远处的景物。例如：靠水的园林，在水边眺望开阔的水面和远处的岛屿。

③邻借。在园中欣赏相邻园林的景物。

④互借。两座园林或两个景点之间彼此借助对方的景物。

⑤仰借。在园中仰视园外的峰峦、峭壁或邻寺的高塔。

⑥俯借。在园中的高视点，俯瞰园外的景物。

⑦应时借。借一年中的某一季节或一天中某一时刻的景物，主要是借天文景观、气象景观、植物季相变化景观和即时的动态景观。

（2）对景

对景是主客体之间通过轴线确定视线关系的造园手法，由于视线的固定，视觉观赏远不如借景来的自由。对景有很强的制约性，易于产生秩序、严肃和崇高的感觉，因此常用于纪念性或大型公共建筑，并与夹景、框景相结合，形成肃穆、庄严的景观。对景有正对和互对之分。对景的处理可以对称严整也可以灵活自由，根据具体的园林景观风格而定（图2-42）。

①正对

在道路和广场的中轴线端部布置景点，或以轴线作为对称轴。正对的方式在规则式园林中用得较多，能获得庄严雄伟的感觉。

②互对

在园林绿地中，在轴线或风景视线的两端设

置景观，相对成景。互为对景不但在道路广场两端可以组织，在水面两岸以及两个对立的山头也可以组织。

（3）框景

所谓框景指利用门框、窗框、树干树枝形成的框、山洞的洞口框等，有选择地摄取另一空间的景色，形成如嵌于镜框中的图画的造景方式。框景对游人有极大的吸引力，易于产生绘画般赏心悦目的艺术效果（图2-43）。

框景的作用在于把园林景色利用景框的设置统一在一幅图画中，以简洁的景框为前景使观者把注意力集中在画面的主景上，给人以强烈的艺术感染力，提升景观的观赏价值。

框景布置中，如果先有景，则框的位置应当朝向好的景观方向；如先有框，则框的对景方向应当布置景物。景框的尺度把握要从以下几个方面考虑：作为框景对象的景物尺度，设计中应当考虑在观赏点所看到的框景的完美性；作为景框的门窗等与建筑本身体量的协调；框的观赏视距，通常情况下，如果观赏点与框之间的观赏视距比较近，则框的尺度可适当小一些，反之则可以放大，观赏点的位置与景框的距离应保持在景框直径的2倍以上；视点的位置最好在景框中心，保证景物的画面在人的正常视域范围，一般来说，框的中心点高度应当与人的视高平齐。

（4）障景

障景是在游路或观赏景点上设置山石、照壁和花木等，挡住视线，从而引导游人改变游览方向的造景手法。障景使园林增添"藏"的韵味，也是造成抑扬掩映效果的重要手段，因此为历代园林所广泛应用。

所谓障景是指在园林中抑制视线、引导空间转变方向的屏障景物。障景的作用就是起到欲扬先抑，欲露先藏，造成"山重水复疑无路，柳暗花明又一村"的景观效果，丰富园林景观的欣赏层次。

障景一般都设在园林景观的入口处，所设置的障景元素在高度和体量上都要起到一定的遮挡视线的作用。障景不但能暂时屏蔽主要景色，本身也

图2-42　丹·克雷　米勒花园

图2-43　框景

图2-44　退思园一景

可以成景，构成障景的景物可以是建筑、山石、植物、小品，因其使用材料不同，可分为山石障、影壁障、树丛障，等等。障景的前方要留有作为景观节点的场地，供游人逗留、观赏、穿越。

障景的设置要有动势，以方便引导游人。障景元素两端提供的路线方向在路幅、材质上应当有变化，在前方景观的吸引度上有明显差别，这样才能

有明确的方向感。

（5）点景

所谓点景是指在园林中抓住景观的特点或者是空间环境的景观特征，以文化艺术的角度进行高度概括，点出景色的意境，提升园林空间的艺术品位，使游人获得更深的感受。点景的运用在古典园林中非常普遍，手法也多种多样。常见的有以下几种：

①景色命名

景色命名能起到画龙点睛指导游览的作用，使游人在参观的过程中，从命名中获得信息，产生联想，加深对景观的欣赏层次，同时也有导游的作用。名称的选取要从景物的特质出发，与景物相呼应，常见的做法有：把定的名称放在建筑匾额上、刻在山石上、以园林小品或者雕塑的形式标示，等等。名称的色彩应当与背景有明显的区分，字样和尺度上应与所处的位置相协调。

②园林题咏

园林题咏不但可以点缀亭榭、装饰墙壁、美化园林环境、丰富观赏内容、增加诗情画意、发人深思、给人艺术的联想，还可以起到导游、宣传、教育等作用。它既有观赏内容，又有画龙点睛之功用（图2-44）。

园林题咏可用对联、匾额、石刻等形式表现出来，所采取的字样、色彩以及大小都应与所处的背景既相协调，又要有明显对比。

| 知识重点 |

（1）景观设计要素有哪些？

（2）景观设计的基本原则是什么？

（3）设计中的主要造景手法有哪些？

3 景观设计内容与程序

3.1 景观设计类型及内容

3.1.1 景观设计类型

景观设计的内容根据出发点的不同有很大不同，大尺度有流域生态修复、河道治理、城镇总体规划等；中等尺度有主题公园设计、街道景观设计、城市广场等；小尺度包括居住区绿地、住宅庭院、屋顶花园等。这些项目类型都涉及景观要素的设计，本章着重介绍的是中等尺度和小尺度范围的景观设计，这些设计是城市建设过程中最常见的实际景观设计项目。

（1）公园景观设计

公园是指向公众开放，以游憩为主要功能，兼具生态、美化、防灾等作用的绿地。这类绿地主要安置在生活居住区范围内，是城市绿地中最重要的组成部分，也是人们接触最多，对城市影响最大的绿地。按照公园的规模及服务半径分，一般城市中有这几种类型：综合公园、社区公园、专类公园、带状公园、街旁绿地（图3-1、图3-2）；按照公园的功能主题分，有这几种类型：综合性公园、居住区公园、居住小区游园、带状公园、街旁游园、历史名园、植物园、动物园、儿童公园、游乐公园、主题公园、纪念性公园、专类植物园、森林公园等。

（2）街道及道路景观设计

从城市空间的角度而言，城市街道（道路）景观泛指由实体建筑围合的室内空间以外的一切街道区域的景观形态，如外部庭院、街道、河岸、游园、绿地、广场、场地等可供人们日常活动的空间。街道环境是人与自然和社会直接接触并相互作用的活动天地，街道环境的阳光、绿化、水、气

图3-1　综合型公园（上海徐家汇公园）

图3-2　带状公园（成都活水公园）

候、建筑、景观、人的活动、生活事件等都与人有着直接的联系。

在现代都市中，街道（道路）景观设计是对整个城市景观的线性的整合，是连接整个城市的绿色血脉，其重要性不言而喻。街道及道路的景观设计包括了自然景观、人工景观与人三个方面的内容。自然景观包括街道两侧的山体、水体、岩石树木、花卉、草地等。街道的人工景观设计包括水平界面

图3-3　景观大道（深圳深南大道）

图3-4　车行道路（上海淮海路）

图3-5　步行街（重庆观音桥）

图3-6　宗教广场

图3-7　梵蒂冈圣彼得广场

图3-8　深圳万科第五园

图3-9　重庆龙湖水晶俪城

图3-10　哈佛大学唐纳喷泉 （159块花岗岩采自于20世纪初期的农场，唤起对英格兰拓荒者的记忆）

的铺装设计、植被种植等；垂直界面，即建筑物、建筑构筑物、小品设施、指示牌、广告牌、路灯、文化橱窗、报栏设计、植物等；还有最重要的一个方面就是人群活动项目的组织和安排。

不同的道路在城市生活、生产活动中所起的作用各有不同。城市中的道路按活动主体可分为车行道路、人车混杂型道路及步行道路等类型。不同类型道路因使用方式与使用对象之间的差异，在景观设计上的侧重与手法的运用上也各不相同（图3-3、图3-4、图3-5）。

（3）广场设计

广场是指城市中由建筑、道路、绿地、水体等围合或限定形成的公共活动空间，是城市空间环境中最能反映城市文化特征和艺术魅力的开放空间，具有强烈的公共性和市民性，被形象地称为"城市客厅"。

由于多方面的功能要求，广场具有多种类型，从使用功能和景观设计的角度划分，主要有纪念广场、集散广场、休闲广场、商业广场、宗教广场等几种类型（图3-6、图3-7）。

（4）居住区景观设计

居住区景观设计是指居住区用地范围内的绿地设计。它的主要功能是改善居住环境，供居民日常户外活动（这些活动包括休憩、游戏、健身、社交、儿童活动等）。它可细分为组团绿地、宅旁院落绿地、居住区公共建筑附属绿地以及居住区道路绿地等。

居住区绿地是市民日常接触最多的绿地。它与市民生活息息相关，其质量的高低将直接影响到居民的日常生活及环境质量。居住绿地对于提高我国整体的绿化水平、提高人民生活水平及城市的环境质量都起着非常重要的作用（图3-8、图3-9）。

（5）其他设计类型

其他设计类型包括公共建筑周边景观设计、交通绿地景观设计、风景名胜区、城市绿化隔离带、湿地、垃圾填埋场恢复绿地的景观设计等。

3.1.2　景观设计内容

（1）场地景观设计

景观设计如同服装设计，第一件事情就是量体裁衣，选择合适质地的布料。其实任何一块土地都是有质感的，有的静、有的闹，有的远、有的近；有的雅、有的俗，有的大、有的小，而所有的需求都是有个性的，每种需求都对场地的属性有严格的要求。

场地设计不应该狭隘地理解为以看到或者感觉到的那块物质性场地进行设计。就其整体意义而言，场地设计指基地中各种要素所组成的整体，包含方方面面的内容，如建筑物、广场、道路、植物、水体、标志导引、照明和小品等视觉可及的环境构成要素，以及其所处地区的历史沿革、社会人文，包括今后的地区发展可能会带来的各种影响等非视觉可及的信息，这些都会成为设计必须考虑的问题（图3-10）。

尊重场地、因地制宜，寻求与场地和周边环境的密切联系，形成整体的设计理念，已成为现代景观设计的基本原则。因此，设计师做景观规划设计时，首先要分析场地自然形成的过程、周围的山水格局、植被现状以及地下水等诸多方面的因素，进行系统的背景分析后，再整体分析这块场地的适应性，结合规划设计目标开展工作。

（2）建筑物、构筑物景观设计

建筑与构筑物通过其单体造型、群体组合关系、细部处理、材料质感对比、色彩变化以及良好的环境关系，从视觉和心理上给人以艺术感受。建筑与构筑物围合成广场、街道等开放空间的界面和轮廓线，决定了城市的主要景观意象，在景观系统中，建筑、构筑物与场地结合设计可用作景观控制点，往往成为视觉中心。

①建筑物

建筑也被认为是一种重要的视觉艺术而被赋予较高的景观期望，特别是在城市景观中，建筑物往往因为其历史地位、地理位置和独特造型成为景观核心（图3-11）。因此，景观设计中，建筑界面的设计极为重要。

图3-11　巴黎圣母院

图3-12　上海辰山植物园

图3-13　景观雕塑（拉维莱特公园）

②构筑物

景观设计中的构筑物设计包括了廊亭、桥梁、台阶、坡道、挡土墙护坡、景墙（图3-12）等环境设施的设计。这些构筑物的设计往往构成场地景观设计中的主要硬质骨架，决定了场地的空间构成与空间形式。

（3）景观小品设计

景观小品既具有实用功能，又具有精神功能，包括建筑小品——雕塑、壁画、亭台、楼阁、牌坊等；生活设施小品——座椅、电话亭、邮箱、邮筒、垃圾桶等；道路设施小品——车站牌、街灯、防护栏、道路标志等。景观小品有景观构成、空间组织、环境美化、文化教育以及使用功能。

①造景功能

景观小品具有较强的造型艺术性和观赏价值，因此，它在环境景观中发挥重要的艺术造景功能。在整体环境中，小品虽然体量不大，却往往起着画龙点睛的作用。作为某一景物或建筑环境的附属设施时，能巧为烘托，相得益彰，为整个环境增景添色；作为环境中的主景时，又能为整体环境创造丰富多彩的景观内容，使人获得各种艺术美的享受。

②使用功能

景观小品除艺术造景功能外，许多小品还具有使用功能，可以直接满足人们的使用需要，如亭、廊、榭、椅凳等小品，可供人们休息、纳凉和赏景；园灯可提供夜间照明，方便夜间休闲活动；铺地可方便行走和健身活动；儿童游乐设施小品可为儿童游戏、娱乐、玩耍所使用；小桥或汀步可以让人通过小河或漫步于溪流之上；电话亭则方便人们进行通信交流等。

③信息传达功能

一些景观小品还具有文化宣传教育的作用，如宣传廊、宣传牌可以向人们介绍其中各种文化知识以及进行各种法律法规教育等；有些小品则可提供各种信息，如道路标志牌可给人提供有关城市及交通方位上的信息。

④安全防护功能

一些景观小品还具有安全防护功能，以保证人们游览、休息或活动时的人身安全，并实现不同空间功能的强调和划分以及环境管理上的秩序和安全，如各种安全护栏、围墙、挡土墙等。

按景观小品功能性质分类：建筑小品、设施小品、雕塑小品（图3-13）、植物造景小品、山石小品、水景小品、竹木小品、混凝土小品、砖石小品。

（4）植物景观设计

植物造景历史悠久，在现代城市景观设计中，以植物为主体的绿地"软质景观"是形成城市格局的重要组成部分，是体现城市品质的重要物质载体。不仅改善城市生态，美化城市环境，还为城市居民提供了娱乐、健身、游憩的空间场所等。

在景观的布局与设计中，植物是一个极其重要的构成要素之一。植物与其他园林要素的最大不同点是：具有生命，不断变化，它还能使环境充满生机和活力。植物在景观设计中的功能，包括建造功能、观赏功能、美学功能、生态功能等。尽管植物有许多功能，但在环境设计中，往往被当作装饰物，作为完善工程的最后要素来装扮建筑。

建造功能，指的是植物能在景观中充当像建筑物的地面、天花板、墙面等限制和组织空间的因素。体现在三个方面：构成空间、障景、控制私密性。所谓空间感的定义是指由地平面、垂直面以及顶平面单独或共同组合成的具有实在的或暗示性的范围围合。

美学功能具有以下作用。统一作用：植物作为一种恒定因素。可以把其他杂乱的景色统一起来；强调作用：借助植物不同的尺度、形态、色彩或邻近环绕物不相同的质地强调或突出某些特殊景物；识别作用：植物特殊的大小、形状、色彩、质地或排列均能发挥识别作用；软化作用：种植树木使那些呆板、生硬的建筑物和无植被的城市环境显示出柔和并富有人情味。

生态功能，植物具有修复和保护环境的功能是不言而喻的，它在吸碳固氧、降风除尘、保持水土、吸收有毒气体、增加空气湿度、调节气温、减噪、杀菌等方面具有突出的功能。

（5）水景设计

水景的设置需要根据环境条件的要求与限定、场地的功能要求、经济条件的许可、外部水源条件等综合考虑，基地内或附近有天然丰沛水源存在时，是造水景的有利条件。规划时，应先根据设计对象的功能需求、安全需求、景观需求以及后期的管理成本等因素合理设置水景，有针对性地设计包括水体布置的位置、水景的形态与尺度等。

按照形成方式划分，水景大致可以分为自然水景（图3-14）和人工水景（图3-15）。自然水景主要有海洋、河流、湖泊、瀑布、泉水、池塘等。在对自然界的水体进行规划营造时，应采取"依势而建，依势而观"的原则。人工水景则是人为构筑，是把自然界的水引入景观环境，通过人造的方式来形成各种不同的水体形态，并且结合喷洒、灯光、音乐等人造手段来使水景产生更多的变化。

图3-14　西湖美景

图3-15　人工水景

水景设计在实际应用中可以起到以下作用：①背景作用。平静的水面，无论是规则或是自然的，都像草坪铺装一样作为其他要素的背景或者前景。同时平静水面反射天空或主景的倒影，增强环境的静谧感或视错感。②纽带作用。水体作为全园景物的纽带，如扬州瘦西湖、拙政园中的许多单体建筑或建筑组群都与水面有不可分割的联系，并且将其统一。③焦点作用。流动的水景，如喷泉瀑布有着激流的水声和形态会成为区域里的焦点。如尼亚加拉大瀑布、黄果树瀑布等。

在景观水景的打造中，也存在着非常多的现实问题，如水景千篇一律、缺乏个性；并且存在盲目打造、浪费水资源的情况，所以在实际项目中对水景的设计要综合考虑使用后的维护情况和经济情况，要做到点睛却不累赘。

3.2 景观设计程序

一般来说，景观设计所包括的范围很广，既有微观的，如庭园、花园、建筑周围的外部空间等，又有宏观的，如城镇的环境空间、风景名胜区的环境空间等。一项优秀的外部空间设计的创作成功，除靠设计者的专业素质、创造力和经验之外，还要借助于科学的设计方法和步骤的帮助。

3.2.1 设计前的准备

设计前的准备和调研，是一项相当重要的工作。采用科学的调研方法取得原始资料，作为设计的客观依据，是设计前必须做好的一项工作。它包括：熟悉设计任务书；调研、分析和评价；走访使用单位和使用者；拟订设计纲要等工作。

设计程序的第一步是熟悉设计任务书。设计任务书是设计的主要依据，一般包括设计规模、项目和要求、建设条件、基地面积（通常有由城建部门所划定的地界红线）、建设投资、设计与建设进度以及必要的设计基础资料（如区域位置、基地地形、地质、风玫瑰、水源、植被和气象资料等）和风景名胜资源等。在设计前必须充分掌握设计的目标、内容和要求（功能的和精神的），熟悉地方民族及社会习俗风尚、历史文脉、地理及环境特点、技术条件和经济水平，以便正确地开展设计工作。

3.2.2 基地调研与现状分析

熟悉设计任务书后，设计者要取得现状资料及其分析的各项资料，在通常情况下，都要进行现场踏勘。

（1）基地现状平面图

在进行基地调研和分析（评价）之前，取得基地现状平面图是必须的。

基地现状平面图要表示下列资料：

①基地界线，即地界红线（包括边界条件、周边用地、用地规模）。

②毗邻街道（目的地、坡度、交通量、路名等）。

③现状地形、地貌（包括坡度、坡向、高程、制高点、制低点等）。

④现状水文条件（自然流域、人工水渠等）。

⑤基地内部交通（汽车道、步行道、台阶等）。

⑥场地内的建筑（表示内部房间布置、房屋层数和高度、门窗位置）。

⑦市政公用设施（水落管及给排水管线、室外输电线，空调和室外标灯的位置）。

⑧垂直分隔物（围墙、栅栏、篱笆、堡坎等）。

⑨现状种植情况（乔木、灌木、草本、地被植物等）。

⑩影响设计的其他因素（如土壤、地质、气候等）。

（2）基地调研和分析（评价）

完成基地现状平面图以后，下一步是进行基地调研和分析，熟悉基地的潜在可能性，以便确定或评价基地的特征、问题和潜力。为了使设计能适应所给的基地条件，除应充分掌握基地特征、问题和潜力之外，还必须研究采用什么方式来适应基地现有情况，才能达到扬长避短，发挥基地的优势。

在基地调研和分析中，需要很多的调研记录和分析资料。为直观起见，通常把这些资料绘在基地平面图中。对于每种情况既要有记录，也要有分析，这对调研工作是非常重要的。记录是鉴别和记载情况，即资料收集（如标注特点、位于何处等），分析是对情况的价值或重要性作出评价或判断。

（3）走访使用单位和使用者

在基地调研和分析之后，设计者需要向使用单位和使用者征求意见，共同讨论有关问题，使设计问题能得到圆满解决，并能正确反映使用单位和使用者的愿望和要求。

（4）设计纲要的拟订

设计纲要是设计方案必须包含和考虑的各种组成内容和要求，通常以表格或提纲的形式表示。它服务于两个目的：

①它相当于"基地调研、分析""访问使用单位"两步骤中所得结果的综合概括。

②在比较不同的设计处理时，它起对照或核对的作用。在第一个目的里，纲要促使有预见性的探求设计必须达到目的，并以简明的顺序作为思考的步骤。在第二个目的里，纲要可提醒设计者需要考虑什么、需要做什么，当研究一个设计或完成一个设计方案时，纲要还可帮助设计者检查或核对设计，看看打算要做的事情是否达到要求、设计方案是否考虑全面、有否遗漏等。

3.2.3　方案设计阶段

设计程序一般可分为理想功能图析、基地功能关系图析、方案构思、形式构图研究、初步总平面布置（草图）、总平面图（正图）、施工图7个步骤。

（1）理想功能图析

理想功能图析是设计阶段的第一步，也就是说，在此设计阶段将要采用图析的方式，着手研究设计的各种可能性。它要把研究和分析阶段所形成的结论和建议付诸实现。在整个设计阶段中，先从一般的和初步的布置方案进行研究（如后述的基地分析功能图析和方案构思图析），继而转入更为具

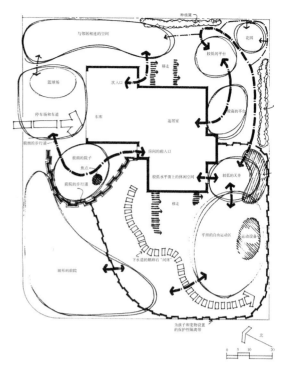

图3-16　功能泡泡图（《园林景观设计从概念到形式》）

体的和深入的考虑。理想功能图析是采用图解的方式进行设计的起始点。

理想功能图析是没有基地关系的。就像通常所说的"泡泡图"或"略图"那样，以抽象的图解方式安排设计的功能和空间，理想功能图析可用任意比例在空白纸上绘出（图3-16）。它应表示：

①以简单的"泡泡"表示拟设计基地的主要功能／空间。

②功能／空间相互之间的距离或邻近关系。

③各个功能／空间围合的形式（即开敞或封闭）。

④障壁或屏隔。

⑤引入各功能／空间的景观视域。

⑥功能／空间的进出点。

⑦除基地外部功能／空间以外，还要表示建筑内部功能／空间。

（2）基地分析功能图析

基地分析功能图析是设计阶段的第二步。它使理想功能图析所确定的理想关系适应既定的基地条件。在这一步骤中，设计者最关注的事情是：

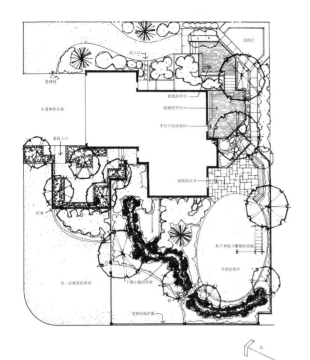

图3-17　最终景观设计平面图（《园林景观设计从概念到形式》）

①主要功能／空间相对于基地的配置。

②功能／空间彼此之间的相互关系。

所有功能／空间都应在基地范围内得到恰当的安排。基地分析功能图析是在基地调研分析图的基础上进行的，基地分析功能图析中的不同使用区域，与功能／空间取得联系和协调，这是促使设计者根据基地的可能和限制条件，来考虑设计的适应性和合理性的最好方法。

（3）方案构思

方案构思是基地分析功能图析的直接结果和进一步的推敲和精炼，两者之间的主要区别是，方案构思图在设计内容和图像的想象上更为深化，功能图析中所划分的区域，再分成若干较小的特定用途和区域。此外，所有空间和组成部分的区域轮廓草图和其他的抽象符号均应按一定比例绘出，但不仔细推敲其具体的形状或形式（具体的形式将在下一步研究）。方案构思图不仅要注释各空间和组成部分，而且还要标注各空间和组成部分的设计标高和有关设计的注解。

（4）形式构图研究

在进入这一步骤之前，设计者已合理地、实际地考虑了功能和布局问题，现在，要转向关注设计的外观和直觉。以方案构思来说，设计者可以把相同的基本功能区域做出一系列的不同配置方案，每个方案又有不同的主题，特征和布置形式设计所要求的形状或形式可直接从已定的方案构思图中求得。因此，在形式构图研究这一设计步骤中，设计者应该选定设计主题（即什么样的造型风格），使设计主题最能适应和表现所处的环境。

由于设计者考虑了形式构图的基本主题，接着就要把方案构思图中的区域轮廓和抽象符号转变成特定的、确切的形式。形式构图研究是重叠在初定的方案构思图上进行的，因此方案构思图上的基本配置是保留的。设计者在遵守方案构思图中的功能和空间配置的同时，还要努力创造富有视觉吸引力的形式构图。

（5）初步总平面布置

初步总平面布置是描述设计程序中，设计的所有组成部分如何进行安排和处理的一个步骤（结合实际情况，使各组成部分基本安排就绪）。首先要研究设计的所有组成部分的配置，不仅要研究单个组成部分的配置，而且要研究它们在总体中的关系。在方案构思和形式构图研究步骤中所确定的区域范围内，初步总平面布置时再作进一步的考虑和研究（图3-17）。它应包括：

①所有组成部分和区域所采用的材料（建筑的、植物的），包括它们的色彩、质地和图案（如铺地材料所形成的图案）。

②各个组成部分所栽种的植物，要绘出它们成熟期的图像（如乔木，灌木、地被植物等），这样，就要考虑和研究植物的尺寸、形态、色彩，肌理。

③三维空间设计的质量和效果，如树冠群、篷帐、高格架、篱笆、围墙和土丘等组成部分的适宜位置、高度和形式。

④室外设施如椅凳、盆景、塑像、水景、饰石等组成部分的尺度、外观和配置。

初步总平面布置（图）最好重叠在形式构图研究图的上面进行，反复进行可行性的研究和推敲，直到设计者认为设计问题得到满意解决为止。初步总平面布置以直观的方式表示设计的各组成部分，以说明问题为准。

（6）总平面图

总平面图是初步总平面布置图的精细加工。在这一步骤中，设计者要把从委托单位那里得到的对初步总平面布置的反馈，再重新加以研究、加工、补充完善，或对方案的某些部分进行修改。总平面图是按正式的标准绘制。

3.2.4　施工图设计阶段

施工图即详细设计，是设计的最终技术产品，是进行建设施工的依据，对建设项目建成后的质量和效果具有相应的技术与法律责任。因此常说必须"按图施工"，未经原设计单位的个人和部门同意不得擅自修改施工图，经协商或要求后，同意修改的部分应由原设计单位补充设计文件，如变更通知单、变更图、修改图等与原施工图一起形成完整地设计文件并应归档备案。

这是设计阶段最后的步骤，顾名思义，这一步骤要涉及各个不同设计组成部分的细节。施工图设计的目的，在于深化总平面设计，在落实设计意图和技术细节的基础上，设计绘制提供便于施工的全部施工图纸。施工图设计必须以设计任务书等为依据，符合施工技术、材料供应等实际情况。施工图、说明文字、尺寸标注等要求清晰、简明、齐全、准确。为保证设计质量，施工图纸必须经过设计、校对和审核后，方能发至施工单位，作为施工依据。

3.2.5　回访总结

在设计实践中，应重视回访总结这一设计程序。由于设计图纸通过施工和竣工交付使用后的实践检验，既会反映设计预计可能发生的问题，又能反映事先未曾考虑到的新问题，设计人员只有深入现场，才能及时发现问题，解决问题，保证设计意图贯彻始终。另一方面通过回访总结，还可总结经验教训，吸取营养，开阔思路，使今后设计创作在理论和实际相结合方面，更上一层楼。

| 知识重点 |

（1）景观设计包括哪些设计的类型和内容？

（2）景观设计的一般程序是什么？

4 各类型景观设计

4.1 城市街道与广场景观设计

4.1.1 城市街道景观设计

（1）街道的基本概念

①街道的含义

街道是形成城市形象的主要因素之一，是人们认识城市的重要场所。街道景观是城市空间中最有生气、活力和最动人的空间形态，它所具有的这些特点为城市的景观构成赋予了重要的文化背景和人文价值。

从城市空间的角度而言，城市街道景观泛指由实体建筑结构围合的室内景观空间以外的一切街道区域的景观形态。

②街道的要素

世间万物的构成形式，无所不在、无所不容。纵观城市街道景观的构成，它离不开街道两旁的建筑物、绿化、道路、阳光、水、气候、人的活动、生活事件等，室外街道环境是人与自然和社会直接接触并相互作用的活动天地，不仅幅员辽阔，而且变化万千。因此，街道的构成要素可分为动态要素和静态要素两个方面（图4-1）。

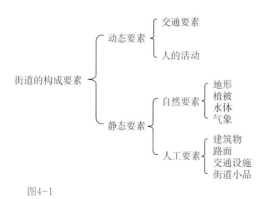

图4-1

③街道的功能

城市街道的功能大致划分如下（图4-2）：

图4-2

A.通行功能。是为了让行人能安全、迅速、舒适地到达目的地所应具备的第一功能。

B.途径功能。是指使行人能方便、准确地通过道路到达目的地的功能。

以上两种功能统称为交通功能。

C.空间功能。街道犹如城市的神经和血管，它为通信、电力、燃气、上下水道等公共设施提供场所，同时能保障城市中各类建筑的通风和采光。另外，当灾害发生时它还可发挥其作为阻挡带、避难路等开敞空间的功能。空间功能是街道作为人们交流、休息、散步的场所的基本功能。

每一座城市的街道景观设计，都要求其既能满足上述的三种功能，又能保持其平衡，做到整体形态上的统一。然而在实际中却难以确定所有的空间功能，而从单方面来确定街道的构成也是不可能的。因此，根据通行功能确立设计方法成为最基本的手段。

街道所具备的功能、沿街建筑物的用途，集中反映在街道的景观上，但如果只考虑街道自身的功能，道路的景观便会是粗糙的，缺乏整体上的统一。街道的景观设计就是合理地安排道路景观中的各种因素，发挥它们的作用，并以良好的形式表现它们的功能，同时取得通行、途径、空间三方面功能的平衡，以创造出美观、实用、简洁的道路景观。

（2）城市街道类型

根据城市街道的交通情况、行人流量、功能服务情况等，在景观设计的实际项目中，城市街道大致可分为：景观大道、商业步行街（包括商业内街）、人行道、城市滨江（河、海）道等类型。在设计过程中，要充分考虑不同类型的街道景观风格，根据其特点进行设计，满足交通功能和人的需求，创造和谐、美观、人性化的街道环境。

①景观大道。景观大道往往是城市形象重要的标志要素之一，甚至反映着城市的灵魂。景观大道担负着城市重要的交通功能和形象展示功能。

②商业步行街。商业步行街人流集中、环境喧闹，代表着城市中心最繁华、商业活动最为集中的路段。步行街两侧为商业店面，吸引着大量城市居民和外地游客。

③人行道。人行道又称步行道，是指车行道边缘至建筑红线之间、可供行人走的专用通道。人行道与车行道平行，成行的乔木和灌木以规则式、自然式、规则式与自然式结合的方式进行带状绿化辅助设计。人行道的布置与街道断面绿化布置形式有关。

④滨江（河、海）道。在城市中江、河、湖、海等水体旁设计的道路。一面临水，空间开阔、环境优美，是居民娱乐和休息的最佳场所。滨河道一侧多为城市建筑，另一侧是水体，中间为道路绿化带。滨河道在规划上受自然地形影响较大，并且要与水岸线的曲折和起伏相结合进行总体设计。可在临水一侧设置栏杆，并设置游步道和坐椅，满足人们亲水的愿望。

（3）城市街道景观设计的基本原则

①因地制宜原则

依据道路类型、性质功能与地理、建筑环境进行合理规划布局。因地制宜创造道路园林景观。

②人性化原则

道路绿化要充分考虑行人人身安全、行走环境舒适和驾驶者行车安全以及行车环境的舒适（图4-3）。

③生态原则

提供尽可能多的遮阴面积，尽可能多的绿化面积，充分发挥植物的作用以达到净化空气等作用，改善城市道路环境质量。

④适应性原则

植物品种选择以及布置方式能保证其良好的生长态势，能适应道路特殊环境。选择乡土树种是常用的措施。

⑤多样性原则

道路绿化形式多样化，塑造美丽街景。

⑥特色性原则

植物品种以及配置方式的不同、色彩搭配以及造型上的差异、配套景观小品设施的各种外观形式都是塑造道路景观特色的途径。

（4）城市街道景观设计要点

城市街道景观设计以城市设计的理念作指导，从城市总体出发，以人为本，遵循艺术，对街道空间构成要素进行统筹安排（图4-4）。城市街道的景观设计在满足其交通功能的同时，还要考虑空间美学的视觉效果。应该提出合理的街道景观设计理念，从自然环境、经济发展水平、文化背景、民俗风情等方面来设计。

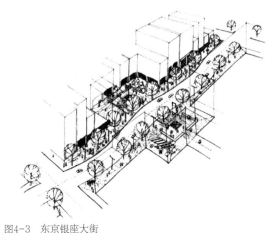

图4-3 东京银座大街

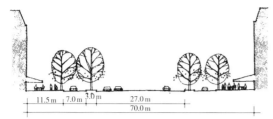

图4-4 法国巴黎香榭丽舍大街断面图

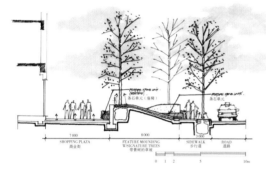

图4-5 非机动车道景观断面图

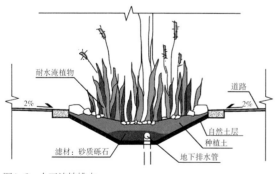

图4-6 人工洼地排水

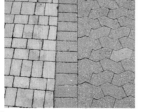

图4-7 路面铺装不同材质的运用

①城市街道路面设计

A.非机动车道

在设计非机动车道的时候，人们都希望设计成人行道、车行道的完全分离。加以街道景观带的隔离，增加街道的路面标志等来提高其安全系数（图4-5）。

B.路面排水

现在我国城市街道的排水措施多为工程化的处理为排水暗沟。近年来我国许多地区多次遭受雨洪灾害，排水设施的处理更加重要。基于低冲击开发模式，建立生态排水系统，建设城市绿色街道，在雨洪灾害严重的今天值得提倡（图4-6）。

C.坡道与台阶

街道坡道的设计对行走有一定的影响，特别是山地城市，路面缓坡引起坡度变化的问题以及行进方向上的直角坡度等，都会给行走、乘车带来困难。在满足步行便利的同时还要考虑其视觉感官效果。

台阶作为向上运动的水平变化方式，在考虑它的规则、不规则、整齐的阶梯设计时，都可以适当地加入缓步台来增添其丰富的层次感。

在街道路面的设计过程中，应注意坡道与台阶的结合。一定要在满足无障碍要求的前提下完成设计。

D.路面铺装

在选择铺装材料时，要注意适合步行者交通的材料特点以及停车带和步行混合带两者共同具有的特性（图4-7）。为人的行走创造合适的、舒适的步行路面。材料的质感、组织的肌理、尺度的控制、色彩等都能形成丰富多彩的街道景观和特色。

不同的材料，还对人与车的行为具有一定的暗示作用。如沥青、水泥混凝土路面车辆可以快速行驶，砾石路面则需要减速慢行。地砖作为最常见的人工化的铺设材料，它不仅可以在形状、大小、色彩等方面有很多的选择，还可以用石材进行加工，根据需要的不同来制作。

②城市街道绿化

A.行道树

行道树绿化设计最主要的考虑元素包括树间距

和枝干高度。行道树株距确定要根据树种的不同特点、苗木规格、生长速度、交通和市容要求等因素来确定（图4-8）。行道树枝干高度应根据其功能要求、交通状况、道路性质、路幅、树木分枝角度大小来定。行道树分枝点最低不能低于2 m，交通干道上的行道树枝干高度不宜低于3.5 m。

B.绿化带种植设计

考虑绿化带对视线的影响，树木的株距应当不小于树冠直径的2倍。根据绿化带宽度不同可以选择不同的绿化方式（图4-9）。宽度大于2.5 m以上的可以种植一行乔木一行灌木；宽度大于6 m的可种植两行乔木或者采用大小乔木和灌木配搭的复层方式；宽度大于10 m的甚至可以多行或者布置成花园林荫路。人行道绿化布置方式以乔灌草搭配、前后层次处理、强调韵律与变化为基本原则。

C.交叉路口、交通岛绿化设计

交通岛一般为封闭式绿化，常以嵌花草皮花坛为主或以低矮常绿灌木组成简单的图案花坛，切忌用常绿小乔木或者大灌木充塞其中以免影响视线。植物配置讲求内高外低的立体层次，讲求色彩搭配，讲求好的图案效果，讲求合理的疏密度。

D.桥头绿化设计

绿化布置一定要保证不影响行车视线。因此植物高度应当控制，植物可以选择代表性的品种，色彩丰富、鲜艳，能形成视觉焦点。

E.滨水绿化设计

选择适应滨水生长的植物品种，尤其要重视耐水性好的植物。可以根据滨水路段规划布局方式的不同采用相应的植物配置方式（图4-10）。植物的疏密和收放的变化可以形成峰回路转的园林意趣。斜坡带的绿化重视水土保持和图案的运用。流水状图案的应用可以帮助表现滨水的特点。

③街道照明设计

城市街道照明做得出色能够成为点缀、丰富城市夜间景观环境的重要要素。城市街道照明设计要注意以下几点：

A.夜间照明不仅仅是单个物体的照明，它所形成的灯的连续性，勾勒出城市街道的线条美（图4-11）。

图4-8　行道树

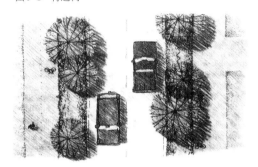

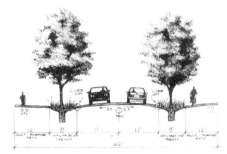
图4-9　城市街道绿化带设计

5m电瓶车道
图4-10　滨水道路断面设计

图4-11　街道夜间照明

B.建筑的照明直接影响着街道空间景观。在建筑照明的设计中，我们要考虑其建筑的体量、高度、外观、色彩、建筑风格、建筑材料等在照明中的影响。另外，城市小品（水边、雕塑、树木、标志）也是能够完美体现街道照明美丽的表现场所。

C.灯具、支柱的色彩和构思、形状对白天城市街道景观有很大的影响。在对它们的设计中一定要符合街道景观的基调。

④景观设施设计

城市街道作为城市主要的公共空间，承担居民大量活动。街道上布置各类设施满足人们完成这些日常活动，使人们的生活愉快、舒适、方便。街道设施是指街道上的座椅、候车亭、雕塑、喷泉、路灯、招牌、垃圾桶、电话亭、标志、解说牌等人造设施，它们是构成街道空间和景观组织中不可缺少的元素，是体现城市特色与文化内涵的重要部分。

A.公交车站设计

公交车站在满足人们日常等车的需要时，还应考虑人们在等车过程中天气、气候等的影响。做到与周围环境的协调统一，从而提高人们在等车时的舒适度。

B.电话亭设计

电话亭设计不仅要满足通话功能，还要考虑到为使用者提供安静的、适宜的通话环境以及在使用过程中免受噪声、雨雪天气等因素的影响。

C.标示系统设计

在城市街道上，标示牌的设计的作用是显而易见的。在街道景观中表示系统不仅对人流有着重要的导向指引作用，同时能够直接反应街区特色，设计时要充分考虑这一点。

D.雕塑设计

随着时代的进步和发展，现代景观雕塑已经成为城市街道景观组成的重要部分。设计雕塑的场所往往是能够为人们欣赏景观提供重要的环境空间和欣赏空间的地段，为传递一个地区、一个城市、一种社会现象提供重要的信息。

E.座椅的设计

座椅是为人们生活提供休息的重要场所。为了避免使用者受日晒、雨淋之苦，可以将座椅设置在沿街的树木下，避免过于密集的面对面设计，做到与周围环境的相互融合（护栏、路灯、垃圾桶等），从而给人留下深刻的印象。

F.公共厕所

现代公共厕所的设计，在满足使用功能的同时，还应满足作为一个特殊场所所需的外观设计，结合周边的环境景观共同设计。

G.停车场地

对停车场地的设计，首先要满足停车需要，再是停车场地内的生态绿化及对大众行为心理的影响。

4.1.2 城市广场景观设计

城市广场是为满足多种城市社会生活需要而建设的，以建筑、道路、山水、地形等围合，由多种软、硬质景观构成，采用步行交通手段，具有一定主题思想和规模的结点型户外公共活动空间。

（1）城市广场的功能

广场主要是基于城市功能或是城市空间结构的要求而设置的，城市广场的功能主要有组织城市交通、社会活动中心、体现城市风貌、防灾避难。

①组织城市交通

城市广场担负着交通集散的作用，同时也是车流、人流的交通枢纽，具有组织人流、车流、物流集散的作用，对于缓解城市环境中纷繁复杂的交通矛盾起着举足轻重的作用。

②社会活动中心

广场所提供的公共活动空间满足了人们组织集会、休闲、娱乐、聚会、交往、商贸等活动的需要，是重要的居民户外休闲、社会交往的公共场所，为居民参与社会公共生活创造条件，是人们的政治文化活动中心。

③体现城市风貌

现代城市广场承担着表现城市风貌和文化内涵的作用，广场外观形态及所展现的城市文化特质成为城市特点的重要标志。形态多样的广场景观建设大大丰富了城市空间，也成为城市中靓丽的风景，广场丰富的景观元素更成为城市焦点。

④防灾避难功能

广场是城市防灾避难系统中的重要场所，具有紧急疏散、避难、临时安置的社会功能。例如，"5.12"汶川地震发生后，都江堰市水文化广场等公共活动空间立即成为居民应急避难的"生命绿洲"。因此，广场景观设计时，其安全性、无障碍要求以及城市服务设施的配备都是必须考虑的。

（2）城市广场的类型及特点

①市政广场

用于政治、文化集会、庆典、检阅、礼仪、传统民间节日活动的广场。广场上的主体建筑是室内的集会空间，广场则是室外的集会空间，主体建筑是室外广场空间序列的对景。建筑以及景观一般对称布局。市政广场不宜布置过多的娱乐性建筑和设施。

②纪念广场

纪念人或者事件的广场，广场中心或者侧面以纪念雕塑、纪念碑、纪念物或纪念性建筑作为标志物，主体标志物位于构图中心，其形式应当满足纪念气氛及象征的要求。广场本身应成为纪念性雕塑或纪念碑底座的有机构成部分。建筑物、雕塑、竖向规划、绿化、水面、地面纹理风格统一、互相呼应，以加强整体的艺术表现力。

③交通广场

城市交通系统的有机组成部分，是交通的连接枢纽，起交通、集散、联系、过渡、停车等作用，并有合理的交通组织。交通广场也可以从竖向空间布局上进行规划设计，以解决复杂的交通问题，合理组织车流、人流、物流等，广场应满足通畅无阻、联系方便的要求，有足够的面积以满足行车、停车、行人以及安全需要。

④商业广场

用于集市贸易、购物的广场，或者在商业中心区以室内外结合的方式把室内商场与露天、半露天市场结合在一起。大多采用步行街的布置方式，使商业活动区集中，既便利顾客购物，又可避免人流、车流的交叉，同时可供人们休息、交流、饮食

等使用，是城市生活的重要中心之一。一般位于整个商业区主要流线的主要节点上，可布置多种城市小品和娱乐设施供人们使用。

⑤娱乐休闲广场

城市中供人们休憩、交流、游玩、演出及举行各种娱乐活动的广场。广场中应布置台阶、坐凳等供人们休息，设置花坛、雕塑、喷泉、水池以及城市小品供人们观赏。广场中应具有轻松欢乐的气氛，布局自由，形式多样，并围绕一定的主题进行构思。

（3）城市广场设计原则

①限定性

广场景观设计首先要进行明确的边界限定。"广场的边界线清楚，能成为'图形'，此边界线最好是建筑的外墙，而不是单纯遮挡视线的围墙"（芦原义信《外部空间设计》1985年）。建筑是最有力的界定元素，地形、绿化、水体、设施小品等也有重要的界定作用。

②领域性

广场景观设计要创造特定的空间领域。"具有良好的封闭空间的'阴角'，容易构成'图'"，而让人具有领域感。和其他外部空间一样，L形、袋形空间由于其良好的空间感，更利于形成特定的空间领域。

③互补性

广场景观设计要塑造良好的图底关系。广场地面与围合的建筑物及其广场中的建筑物、构筑物等实体竖向景观元素在空间上形成"虚、实"互补，要特别关注地面铺装，硬地铺装及其草坪植物配置对其他三维空间要素而言，可视为图底，具有补充、完善图形以构成良好的图底关系的作用。

④协调性

广场景观设计要把握协调的竖向尺度。"周围的建筑具有某种统一和协调，高度与视距有良好的比例（H/D）。"为了让人们在广场上产生适宜的视觉感受，广场的尺度、规模应与界定它的建筑高度和体量具有协调的比例关系。

（4）城市广场绿地规划设计的主要内容

①城市广场的空间环境分析

A.广场使用人群的分析

a.人在广场上的行为心理分析。著名心理学家马斯洛把人的需求划分为五个层次：生理需求、安全需求、社交需求、尊重需求、自我需求（图4-12）。广场空间环境的创造就需要充分研究和把握人在广场中活动的行为心理，尽可能满足上述不同层次的心理需求。

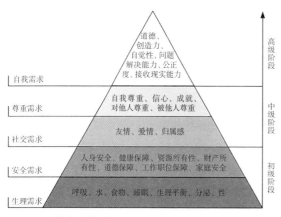

图4-12　马斯洛需求层次

市民在广场的行为活动很多样，有自我独处的个人行为也有公共交往的社会行为，都具有私密性与公共性双重品格。各种行为发生对于环境的需求是广场设计者需要充分考虑的。

人的行为与距离有密切的关系，人们对广场的选择从心理上趋从于就近、方便的原则，有效利用景观诱导也是常用的方法。人对广场的感知包括静态感知、动态感知以及引发联想三个层次，需要在设计中引起重视。

b.人在广场中的活动规律分析。人在广场空间中的行为虽有总的目标导向，但在活动的内容、特点、方式、秩序上受多种因素影响，呈现一种不确定性和随机性，其中既有一定的规律性，又有较大的偶发性。

活动方式包括个体活动、成组活动、群体活动，具体来说包括休息、观赏、游玩、散步、表演、交往（包括公共性交往、社会性交往、亲密性交往）等（图4-13）。各种活动方式需要不同的广场空间。

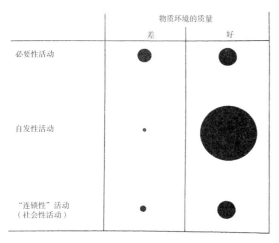

图4-13　户外空间质量与户外活动发生的相关模式

分析研究人的行为心理和活动规律，是城市广场规划设计中贯彻以人为本原则的基础。只有处处体现对人的关怀和尊重，才能使城市广场真正成为人向往的公共活动空间。

B.广场周边环境类型分析

广场只有正确地认识自己的区位和性质，与城市环境有机结合，恰如其分地表达和实现其功能，才能保证城市广场空间的整体性（图4-14）。

a.位于城市空间核心区的广场。这种广场往往是城市环境中尺度较大、功能多样的公共活动空间，能突出体现城市整体的风貌。通过在广场四周布置重要的建筑物，可以使其成为城市整体空间环境的核心，由于这类广场往往处于建筑密度大、容积率高、交通复杂、车人流量大的城市中心区，因

图4-14　某广场周边环境分析图

此如何处理好广场与周围用地、建筑及交通的关系至关重要。

b.位于街道空间序列或城市轴线节点的广场。应用最多的是城市步行商业区，它们往往以某一主题广场作为整个商业区的开端，然后以步行街作为纽带，连接其他各具特色的广场。这种线状空间和块状空间的有机结合，增加了城市空间的深度和广度，大大增加了城市空间群体的感染力和影响力。

c.位于城市入口的广场。这类广场是进出城市的门户，位置重要，是过往旅客对城市的第一印象，传统称为交通性广场。它的设计不但要解决复杂的人货分流和停车场等动、静态交通问题，同时也要合理安排广场的服务设施，有机组织人的活动空间，综合协调广场的景观设计，把广场空间的功能与形态纳入城市公共空间的整体中加以考虑。

d.位于自然体边缘的广场。位于自然体边缘的广场与自然环境密切结合，最能体现可持续发展的生态原则。一般是利用溪流、江河、山岳、林地以及地形等自然景观资源和生态要素形成公共开放空间，这种空间往往是步行者的专用空间，没有汽车干扰，一般与绿地结合紧密（图4-15，图4-16）。

e.位于居住区内部的广场。在城市居住区内常设置可供居民游戏、健身、文娱、休息、散步等活动的小型广场，以满足对户外活动的需要。特别是在密度较高的高层住宅区，更需要为居民辟出室外活动空间。这类广场面积不大，功能也不复杂，根据居民需要确定广场位置，强调和周围居住空间环境相互协调，并在广场内适当设置凳椅、花草、树木、亭台、廊架等，以增强广场的可用性和可看性。

总之，城市广场是城市空间环境的重要节点，在城市公共空间体系中占有重要地位。对它的建设，应该纳入城市公共空间体系中统一规划布局，既发挥广场的"画龙点睛"作用，又形成整体统一的空间关系。

C.广场空间的尺度分析

城市广场尺度的处理是否得当，是城市广场空间设计成败的关键因素之一。

图4-15 营盘山广场效果图

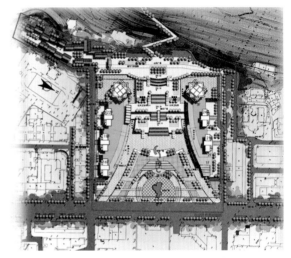

图4-16 营盘山广场设计（重庆大学建筑城规学院）

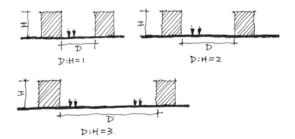

图4-17 城市广场空间D/H值

广场空间的尺度对人的感情、行为等都有巨大的影响。空间距离越短亲切感越强，距离越长越疏远。日本芦原义信提出了在外部空间设计中采用20～25 m的模数，我们对若干城市空间的亲身体验也说明20 m左右是一个令人感到舒适亲切的尺度。

除了距离外，因实体的高度与距离的比例不同，历史上许多好的城市广场空间D与H的比值为1∶3（图4-17）。

需要指出的是，广场空间并非单纯的尺度问题，它是由活动内容、布局分区、视觉特性、光照条件、容积感与建筑边界条件等因素共同制约的，同时也与相邻空间的相互对比有关。如当人们走在狭小的仅有3～5m的长街中，突然走入一个有20～30m的开阔带，就有步入广场之感。如果广场实际面积并不大，却缺少可供活动的设施和休息依靠，也会使人产生"广而无场"和"大而不当"之感；相反，在大的广场中如有详细的活动分区和相应的设施，也会使人感到很丰实。

广场的尺度除了具有良好的绝对尺度和相对的比例以外，还必须具有人的尺度，而广场的环境小品布置则更要以人的尺度为设计依据。

D.广场空间与周围的建筑关系分析

建筑对于广场空间的形成起着重要的作用，建筑组合形式的不同形成不同类型的广场空间形态：

a.四角敞开的广场。广场的四角敞开，道路从四角引入，它的明显缺陷是道路将广场建筑与广场地面分开，从而使广场空间变成了一个"中央岛"。造成了建筑的各自孤立，使广场地面与建筑分割而无有机的联系，导致广场空间的涣散。

b.四角封闭的广场空间。与上述相反的广场形式是角部封闭的广场空间。四角封闭，在建筑的中央开口。这样处理对广场四周建筑的设计有很大限制，在设计上必须结合为一个整体，建筑物的形式大体是相似的。此外，如果广场的自然焦点处空无一物时，人可以从外部看穿广场，视线没有封闭，空间效果不好。因此，常常在广场的中央布置雕像作为对景，但应有很大的尺度，并设计得很简洁以突出它的轮廓线。

c.封闭，一面开敞的广场空间，这类广场空间在现代城市中最为常见。一般广场的一侧为城市道路，其余三侧均由建筑所围成。当人们从道路向广场看时，广场有很好的空间封闭感，与道路相对的建筑常作为主体建筑，是人们视线的焦点，需要进行精心设计。当人进入广场时，又看到道路上来往的人流与车流，给广场增添了动感与活力。为了提高广场空间的完整性，常在广场与道路相邻的一侧，布置绿化、喷泉、坐椅、花坛等分隔空间，这样，广场由建筑和各种小品共同构成了一个统一的整体空间。

d.作为主要建筑物的舞台装置的广场空间。在一切重要建筑物的主要立面前都有一块场地，通过这个场地可以欣赏建筑的造型特性。在这个场地的周围可能还有其他建筑物，使这块场地具有了广场空间的意义，并控制住这主要建筑物的景观，使人的视线不至于在开敞的空间周围摇摆不定。当主要建筑物的尺度很大或在设计上非常独特时，应布置在最显著的位置以控制广场空间，并将与它相竞争的其他建筑物形成了广场空间的次要的墙。这种构图可以看作是以这建筑物为主体的布景设计。与前述的例子由空间支配建筑的形式相反，这是建筑支配空间的形式与性质。

通常主体建筑物占据广场空间的一个边长，这样就可以使相邻的建筑物与之垂直而不平行，从而减少了产生矛盾的可能，建筑物的主要立面可突出在空间内，广场上可布置一些建筑小品或绿化，但不能妨碍通过广场空间可以清晰地看到建筑构图。

e.建筑群体与广场空间效果。在建筑群体围合的广场空间中，当立于空间中的建筑物的正立面以外角相接时，就产生了实体的效果。相反，当建筑物围绕着一个空间布置，相邻建筑物内角相接时，则产生了空间容积的效果。同时，相邻建筑物的正立面越相似，它们的间距越小时，广场空间的封闭感越强，反之则越弱。

事实上，按照一个共同的模式设计建筑物是行不通的，也是不可取的，只能使大部分建筑的形式有某种相似性；当建筑的形式十分相同时，一般需要采取视觉处理手法使它们发生联系，如用柱廊或使建筑物之间有一些转折变化连接两个构图，以获得统一感。

E.广场空间与道路关系分析

广场与道路的组合，一般说来有三种方式：a.道路引向广场；b.广场穿越道路；c.广场位于道路一侧（图4-18）。

广场属于人的活动空间，道路则属于人与车的

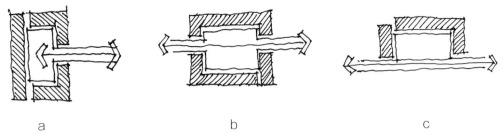

a   b   c

图4-18　广场空间与道路的关系

交通空间。广场如何有效地利用道路交通联系同时又避免交通的干扰是广场空间设计中要解决的一个问题。

②城市广场布局

A.广场与城市交通

a.广场与城市道路的联系。可达性对于广场来说是非常重要的，它决定着广场使用率的高低。因此应当考虑把广场与周围的步行系统合理联系构成完成的步行体系，以保证广场交通上的便利性和易达性。对于交通关系复杂的地段，采用过街天桥或者地下通道的形式来连接可以有效避开机动车辆的影响，尽管这样的措施对于步行者来说会增加一些困难。

b.广场内部的交通组织。广场内部的道路布局最主要的要求就是合理组织、疏散人流、保证人活动路线的流畅。道路可以分为不同级别，主干道联系各个空间，各个空间内部采用次一级的道路，体现出良好的秩序和导向性。道路组织与轴线可建立一定的联系以强化方向感。同时道路安排还应当考虑符合人的行为习惯，便于人们使用，比如走捷径的行为特点。此外，合理解决停车问题也是设计中要考虑的。

B.广场与城市景观

广场设计中应当有意识地把广场景观纳入城市整体景观的塑造中来，采用传统造园的借景方式可以很好地达到这样的效果，构图上采用轴线或者景观视线的连接是常用的手法。

C.广场的空间划分

根据广场的功能来划分广场空间是基本的设计思路。因此，设计开始的时候需要首先了解广场使用者的情况，充分把握他们的心理需求、生活习惯、业余爱好、民风民俗等。根据这些来确定广场大致的活动内容、活动方式，划分相应的广场空间，进一步明确各个功能空间的性质、氛围，采用相应的设计元素和处理手法与之相呼应。空间划分注重空间类型的多元化，比如私密和开敞、动与静、休息与活动等。

D.广场空间的限定和渗透

各个广场空间可以通过各种空间限定手段进行有效的限定。采用的限定方式与空间类型、空间性格要密切结合。同时广场与围合建筑之间、广场各个空间之间可以通过多种方式获得视觉上、行动上乃至表现内容上的广泛联系，从而加强广场的整体性。

E.广场空间秩序的组织

在广场设计中，我们不能仅仅局限于孤立的广场空间，应对广场周围的空间做通盘考虑，以形成有机的空间序列，从而加强广场的作用与吸引力，并以此衬托与突出广场。

广场内部空间秩序的建立包括功能秩序和景观秩序两个方面。空间秩序是按照空间功能和性质来组织的，比如外部的—半外部的—内部的，公共的—半公共的—私密的（图4-19），嘈杂的—中间性的—安静的，开放的—半开放的—封闭的，等等。

这种秩序可以是直线型的，也可以是向心式的。景观秩序主要指从四维意义上的空间秩序，也是我们常常说的空间序列，序列建立的方式主要靠

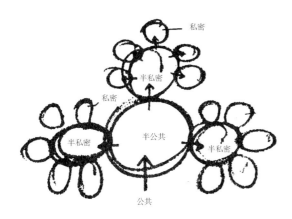

图4-19 广场空间过渡

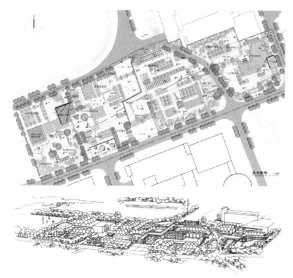

图4-20 广场设计（刘琛）

轴线，通过各个空间内容以及形式上的组织形成如同文学作品中的序幕—发生—发展—高潮—尾声这样的连续环节。设计者可以采用连续动态的连续视景分析方法把自己置身实地考虑，使人们从中感受空间的变化、收放、对比、延续、烘托等乐趣。

③城市广场设计要点

A.建筑及构筑物

建筑无论在平面和立面上都是围合、限定广场的重要元素，其建筑类型、建筑风格、体量、尺度、细部处理、功能流线处理等都对广场有着至关重要的影响。在平面上，围绕一个广场的建筑应构成一个连续的表面，并为观察者呈现出风格统一的建筑立面，才能有助于广场建筑风格的形成。反

之，建筑三维形体越大、建筑单体越独立、建筑风格越多样化，广场的完整性越差，其景观意象越难形成。

作为广场空间主体的建筑及构筑物，首先在构图上应对景观序列具有控制作用或均衡作用，成为景观主体，并且在建筑体量、尺度、建筑风格及细节处理、材料选择等方面对广场景观设计产生重要影响。

广场上的构筑物或构筑小品，如画坛、廊架、座椅、街灯、时钟、垃圾筒、指示牌、雕塑等，为人们提供识别、依靠、洁净等物质功能。如处理得当，可起到画龙点睛和点题入境的作用。

小品设计，首先应与整体空间环境相协调，在选题、造型、位置、尺度、色彩上均要纳入广场环境的天平上加以权衡。既要以广场为依托，又要有鲜明的形象，能从背景中突出；其次，小品应体现生活性、趣味性、观赏性，不必追求庄重、严谨、对称的格调，可以寓乐于形，使人感到轻松、自然、愉快；再次，小品设计宜求精，不宜过多，要讲求体宜、适度。

B.道路

道路与广场的关系决定广场空间的开放度。广场的平面形态千变万化、因时而异，其基本形态有：矩形、梯形、不规则形、圆形、椭圆形以及它们的各种组合（图4-20）。

其中袋状空间，广场界面完整，广场空间整合独立，易于进行景观处理；四角开敞的广场，其缺陷是道路将广场与城市其他部分割裂开来，从而使广场变成一个"岛状"空间，割断了与周边建筑的空间渗透、人流流动，在这种情况下，广场景观设计中应利用建筑及构筑物手法，或通过地形处理，或是绿化水体、设施小品的设置，在完成造景目的的同时，对交通关系和结构进行合理化调整。

广场作为人活动的空间，应与道路既保持便捷的联系，同时又要避免受到交通的干扰，在具体的设计中，应根据交通状况作出合理的布局。如日本横滨开港广场，虽然位于十字交叉路口，但是却通过旋转，使交通岛与广场各占一隅，活动区与交通

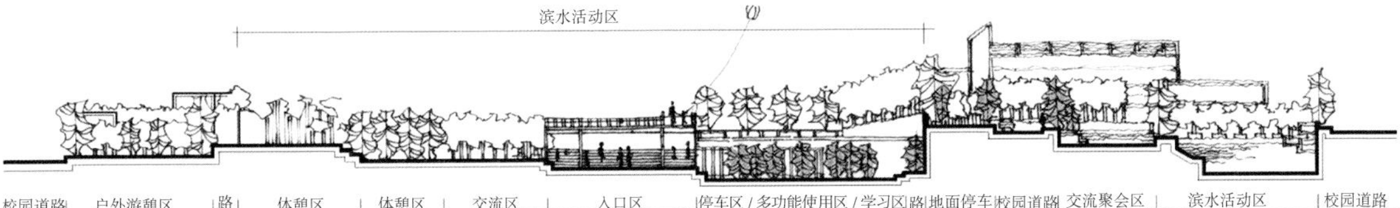

图4-21 广场设计剖面

（剖面标注，自左向右）校园道路 | 户外游憩区 | 路径 | 体憩区 缓坡草坪 | 体憩区 植草栅格 | 交流区 | 入口区 | 停车区 / 多功能使用区 / 学习区 路 地面停车 径 | 校园道路 | 交流聚会区 | 滨水活动区 | 校园道路

（顶部标注）滨水活动区

区分离，形成独立领域。

C.标高

绝大部分广场都与地面标高一致，但在现代城市广场设计中，为了节约用地、解决立体交通问题并综合利用建筑地下空间等，广场场地设计常常采用立体化空间处理手法，即立体型广场，包括下沉广场（图4-21）、上升广场。立体型广场通过垂直交通系统将广场不同水平层面串联成一个变化丰富的整体空间，以上升、下沉和地面层相互穿插组合，配之以绿化、小品等，构成一个既有仰视、又可俯览的垂直景观系统，增加了广场景观的层次性和趣味性。

D.地面铺装

底面不仅为人们提供活动的场所，而且对空间的构成有很多作用，它可以有助于限定空间、标志空间、增强识别性，可以通过地面处理给人以尺度感，通过图案将地面上的人、树、设施与建筑联系起来，以构成整体的美感，也可以通过地面的处理来使室内外空间与实体相互渗透。对地面铺装的图案处理可以分为以下几种：

a.规范图案重复使用。采用某一标准图案，重复使用，这种方法有时可以取得一定的艺术效果，其中方格网式的图案是最简单地使用，这种铺装设计虽然施工方便，造价较低，但在面积较大的广场中亦会产生单调感。这时可适当插入其他图案，或用小的重复图案再组织起较大的图案，使铺张图案较丰富些。

b.整体图案设计。把整个广场做一个整体来进行整体性图案设计。在广场中，将铺装设计成一个大的整体图案，将取得最佳的艺术效果，并易于统一广场的各要素和广场空间感的求得。

c.广场边缘的铺装处理。广场空间与其他空间的边界处理是很重要的。在设计中，广场与其他地界如人行道的交界处，应有明显区分，这样可使广场空间更为完整，人们亦对广场图案产生认同感；反之，如果广场边缘不清，尤其是广场与道路相邻时，将会给人产生到底是道路还是广场的混乱与模糊感。

d.广场铺装图案的多样化。广场铺张图案应该多样化，给人以更大的美感。但追求过多的图案变化也是不可取的，会使人眼花缭乱而产生视觉疲倦，降低了注意力与兴趣。

最后，值得一提的是，广场设计中合理选择和组合铺装材料也是保证广场地面效果的主要因素之一。在铺装材料的选择上应该尽量运用当地材料，多使用透水材料，如透水砖、透水混凝土等，防止暴雨天气广场出现大面积积水的情况。

E.绿化和水体

广场主要是提供社会活动的场所，同时兼顾休闲娱乐功能。广场绿化宜采取多层次、立体化种植，如使用树阵、树列以及攀缘植物等，同时草坪面积要适度；广场绿化应具有装饰性，如各类造型别致的种植器、花钵可为广场增加艺术性氛围，同时又不影响人们的使用。

水体可以考虑是静止或流动的，静止的水面物体产生倒影，可使空间显得格外深远，特别是夜间照明的倒影，在效果上使空间倍加开阔；动的水有流水及喷水，流水的作用，可在视觉上保持空间的联系，同时又能划定空间与空间的界限；喷水的作用，丰富了广场空间的层次，活跃了广场空间的气氛。

水体在广场空间的设计中有三种：

a.作为广场主题，水体占广场的相当部分，其他的一切设施均围绕水体展开。

b.局部主题，水体只成为广场局部空间领域内的主体，成为该局部空间的主题。

c.辅助、点缀作用，通过水体来引导或传达某种信息。

我们应该先根据实际情况，确定了水体在整个广场空间环境的作用和地位后再进行设计，这样才能达到预期效果。

F.设施及小品

作为社会活动的场所，广场应为使用者提供充足、优质的休息、卫生、信息、交流等设施;作为文化展示和市民教化的场所，广场在保证各类设施实用性的同时，应赋予它们一定的艺术品质。另外，雕塑与环境小品也是广场装饰中必不可少的，它们是广场上极具表现力和装饰性的元素，而广场也为它们提供了最合适的展示舞台。商业广场一般随着季节或者节庆的变化而改变装饰。

G.色彩

色彩是用来表现城市广场空间的个性和环境气氛，创造良好的空间效果的重要手段之一。在纪念性广场中不能有过分强烈的色彩，否则会冲淡广场的严肃气氛。相反，商业性广场及休息性广场则可选用温暖而热烈的色调，使广场产生活跃与热闹的气氛，更加强了广场的商业性和生活性。

色彩处理得当可使空间获得和谐、统一的效果，在广场空间中，如果周围建筑色彩采用相同基调或地面铺装色彩也采用了同一基调，有助于空间的整体感、协调感。

在空间层次处理上，在下沉式广场中采用暗色调，上升式广场中采用较高明度与彩度的轻色调，便可以产生沉的更沉、升的更升的感觉，这种色彩设计有较好的效果。色彩对人的心理会产生远近感，高明度与暖色调为膨胀色，仿佛使色彩向前逼近，又称近感色;反之为收缩色，宛若向后退远。因此，色彩的处理有助于创造广场良好的空间尺度感，深层的高层建筑在蓝天的衬托下显得体量比浅色的小，暖色的墙面则使人感到距离较远。

在广场色彩设计中要考虑如何协调搭配众多的色彩元素，不至于色彩杂乱无章，造成广场的色彩混乱，失去广场的艺术性。切忌广场色彩众多而无主导色，这样才能使广场色调在统一的基调中处于协调。

（5）城市广场植物规划设计

广场植物配置需注意几个方面:

①植物配置方式符合广场空间的功能要求。

②植物配置讲求层次感，以乔、灌、草相结合形成丰富的景观轮廓线和立面上的连续感。

③注重季相搭配，春色树和秋色树、常绿树和落叶树相结合可以带来丰富的植物景观变化，常绿树应当占主要的比例。

④选用一定数量的观花植物有利于活跃气氛。

⑤布置有香味的植物品种可增加广场的吸引力。

⑥可充分利用植物的象征意义配合主题的表达。

⑦疏密有致，可通过植物配置调整空间形态和开合度。

⑧植物布置层次要分明，重点绿化与一般绿化相结合。

⑨植物配置要讲究主景配景的关系。

⑩植物配置与其他园林构成要素之间有机联系、合理搭配，共同构成优美的画面。

4.2　居住区景观设计

4.2.1　居住区景观的功能及设计原则
（1）居住区景观的功能

在当今的居住区开发设计中，景观已经成为一个重要的组成部分，良好的景观环境是一个小区成熟的标志。居住区景观的设计包括对基地自然状况的研究和利用，对空间关系的处理和发挥，与居住区整体风格的融合和协调。包括道路的布置、水景的组织、路面的铺砌、照明设计、小品的设计、公共设施的处理等，这些方面既有功能意义，又涉及视觉和心理感受。随着人民物质、文化生活水准的提高，不仅对居住建筑本身，而且对居住环境的要求也越来越高，因此，居住区景观有着重要的作用。创建可持续发展的和谐人居，已成为全社会的目标和愿望，也对设计者提出了更高的挑战和要求。

居住区景观的重要功能包括：

①丰富生活：居住区绿地中设有为老人、青少年和儿童活动的场地和设施，使居民能在就近的绿地中游憩、活动、观赏及进行社会交往，有利于人们的身心健康。

②美化环境：花草树木对建筑、设施和场地能够起到衬托、显露或遮阴的作用，还可以用绿化组织空间、美化居住环境。

③改善小气候：绿化使相对湿度增加而降低夏季气温，能减低大风的风速。在无风时，由于绿地比建筑地段的气温低，因而产生冷热空气的环境，出现小气候微风，从而促进空气的流通。在夏季可以利用绿化引导气流，以增强居住区的通风效果。

④保护环境卫生：绿化能够净化空气，吸附尘埃和有害气体，阻挡噪声，有利于环境卫生。

⑤避灾：在地震、战争时期能利用绿地隐蔽疏散，起到防灾避难的作用。

⑥保持坡地的稳定：在起伏的地形和河湖岸边，由于植物根系的作用，绿化能防止水土的流失，维护坡岸和地形的稳定。

（2）居住区景观设计原则

近年来，我国的居住区景观设计已经逐步走向成熟，有许多值得借鉴和参考的经验和方法。在进行居住区景观设计时，应从多方面入手，结合居住区的具体特征。在设计的每一阶段将设计方法及原则贯穿其中，以达到丰富居住区景观效果的目的。

A.景观设计与建筑设计有机结合的原则

当前大多数居住区设计的一般过程是：居住区详细规划—建筑设计—景观设计（图4-22）。设计的三个阶段往往相互脱离或者联系很少，设计常常表现为景观适应建筑，导致各景观元素零散地分布在建筑四周。好的设计方法应该是在提出景观的概念规划时就把握住景观的设计要点，包括对基地自然状况的研究和利用、对空间关系的处理和发挥以及与居住区整体风格的融合和协调等。甚至先规

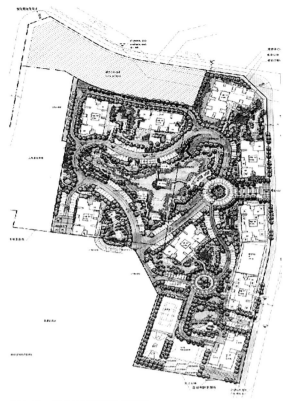

图4-22　某小区景观设计平面图

划好整体环境再用建筑去巧妙地分隔和围合空间，经过从建筑到景观再到建筑的多次反复，实现建筑与景观的和谐共生。

B.多方协调原则

首先，在居住区景观设计初期，景观设计师、建筑师、开发商要经常进行沟通和协调，使景观设计的风格能融在居住区整体设计之中。景观设计应遵从开发商，建筑师、景观设计师三方互动的原则。其次，在景观具体的设计过程之中，景观设计师还应该与结构工程师、水电工程师等各专业工程师配合，确定景观设计中的技术因素。以保证景观效果。最后，在施工过程中，景观设计师还要与负责施工的园林绿化单位以及各供货商协调，保证景观建设工程的进度和实施效果。只有通过各方的通力合作，才能为居民创造出整体、和谐并能体现居住品质的居住环境。

C.社会性原则

社会性原则本质上就是体现"以人为本"。景

图4-23　小区景观设计手绘效果图（李毅）

观设计既要满足人们对景观使用功能的需求，又应该考虑景观设计给人们带来的视觉及心理感受，并要体现景观资源的均好性，力争让所有的住户能均匀享受优美的景观环境。同时，深化"以人为本"的设计理念。强调人与景观有机融合，充分营造亲地空间、亲水空间、亲绿空间和亲子空间。兼顾特殊人群，注重无障碍和人性化设计，以形成温馨祥和的居住空间。

D.经济性原则

居住区的景观设计还应在满足景观功能性及实用性的同时尽可能降低成本。在设计阶段，要注重方案实施的可行性和建成及使用后的管养成本。设计方案应尽量考虑就地取材，减少不必要的运输环节和由此产生的人工费用。

E.地域性原则

我国地域辽阔，不同的地域有着自己独特的地理条件、气候条件和文化习俗。在设计时，要立足于当地的自然条件、文化背景和生活习俗因地制宜在适应当地自然条件的基础上将地方文化融入其中，才能更好地展示地域文化特色带来的景观独特性。

F.生态化原则

居住区景观设计的目的之一就是改善和保护自然生态环境。在设计时可运用景观生态学的原理，分析场地原有的自然资源，使设计后的人工景观与自然环境有机地结合起来，形成更为良好的生态格局（图4-23）。设计时还应充分考虑生态环保材料的选择和可再生能源的利用，使居住区景观尽可能达到绿色环保的要求。同时，通过资源的循环再利用和能源的节约也可以达到降低成本的目的。另外，还要考虑景观的可持续性和管理、使用、更新的便捷。

4.2.2　居住区景观设计的一般步骤

居住区景观设计一般分为7个阶段，即设计任务书阶段、调研和分析阶段、概念设计阶段、初步设计阶段、施工图设计阶段、施工配合阶段和回访总结阶段。

（1）设计任务书阶段

设计任务书是设计的主要依据，主要由甲方提供，详细地列出甲方对建设项目各方面的要求。

设计任务书一般包括项目的要求，如建设条件（含必要的基础资料如地形、地质、水源、植被和气象资料）、基地面积、建设投资、设计与建设进度等。在设计前必须充分掌握设计的目标、内容和要求，要重视对设计任务书的阅读和理解，熟悉当地的历史文脉、社会习俗、地理环境特点、技术条件和经济水平。了解项目的投资状况，以便正确开展设计工作。

（2）调研及分析阶段

熟悉设计任务书后，设计人员要取得现状资料和各分析资料，这就要求设计人员对现场进行认真而充分的踏勘和调研。

现场踏勘应以基地为主要调查对象，可通过图片的拍摄和草图的勾画对基地及其周边进行详尽的现场资料收集和整理。需要收集和整理的资料包括现状、周边建设条件、地形地貌、植被情况、历史条件等。

在完成调研的基础上，还需对所收集的资料进行分析，客观评价基地的优劣势，扬长避短，发挥出地块的最大潜能。分析时可结合图纸或图表，将地块的问题或数据进行比较和权衡，以便做出更加合理的设计。

（3）概念设计阶段

概念设计又分为两个阶段，第一阶段主要是在调研分析的基础上，根据设计任务书，将居住区自身的条件和业主的想法相结合，以较为简单直观的图解方式表明各功能及空间的围合关系。同时，提出设计立意，将景观设计的主要意图配以简要的文字加以阐述，重点景观节点可有部分手绘示意（图4-24）。

概念设计的第二阶段，即对方案进行修改完善。通过与业主和建筑师的反复沟通和交流，形成较为成熟的景观概念设计。这一阶段应明确各功能空间，道路广场以及中心景区的设计局部平面可放大细化，效果图应突出所需表达的主体。

概念设计阶段所需设计图纸包括以下几个方面：

①区位图。

②场地现状分析。

③总平面图。

④空间节点分析图。

⑤景观功能分析图。

⑥道路结构分析图。

⑦景观视线分析图。

⑧植物规划设计图。

⑨主要场地剖面图。

⑩主要场地立面设计（图4-25）。

⑪主要建（构）筑物设计图（包括平、立、剖面图）。

⑫水、电设计图。

⑬设计说明书。

概念设计阶段除了要求有设计创意外，还应从多学科如城市规划、建筑学、环境心理学、景观生态学等方面入手，用多元化的设计理念使景观设计更加科学合理。

（4）初步设计阶段

初步设计阶段也称技术设计阶段。在概念方案完成并获得业主书面认可的基础上，根据业主提供的初步设计的必要资料，进行初步设计。

初步设计应尽可能遵循原方案拟订的基本原则，在与原方案保持基本一致的基础上，允许有一定的改动。这一阶段景观设计师需要与建筑、结构和水、电工程师协调以确定植物种植及覆土范围、覆土厚度、结构构件的承载力以及地下管线和设施

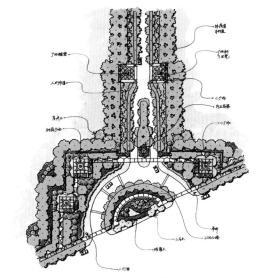
图4-24 某居住区景观设计入口部分

图4-25 某小区入口景观设计立面

的位置及水、电用量等，初步设计阶段文件包括：设计说明、设计图纸和工程概算书。

设计说明的内容包括设计依据及基础资料、场地概述及各专业设计的具体说明、经济技术指标、主要设备表和在设计审批时需解决或确定的主要问题。

主要设计图纸包括：

①总平面图：常用比例1∶300~1∶1000。

a.表示出种植范围、自然水系、人工水系、水景、广场铺装。

b.标注功能区或景点名称。

c.以粗线表示园林景观建（构）筑物（如亭、廊、榭等）的外轮廓，并且标注尺寸、名称。

d.小品均须表示位置、形状。

e.标注场地大体尺寸、主要控制坐标和重要的场地、道路标高。

f.根据工程情况表示园林景观无障碍设计。

②竖向设计：常用比例1：300~1：1000。

a.表示与场地景观设计相关的建筑物室内设计标高（相当于绝对标高值）、建筑物室外地坪标高。

b.道路中心线交叉点原始标高、设计标高、道路坡度、坡向、坡长。

c.自然水系最高水位、常年水位、最低水位标高，人工水景控制标高。

d.主要场地的设计标高，场地地面的排水方向。

e.根据工程需要作场地设计地形剖面图并标明剖线位置。

f.根据工程需要，作景观设计土方量计算。

③种植平面图：常用比例1：300~1：1000。

a.分别以图例的方式表示不同植物种类，如：乔木（常绿，落叶），灌木（常绿、落叶）及草本花卉等。重点表示乔木灌木的名称和种植位置、草本花卉名称和种植范围。

b.如有屋顶花园，也需单独图纸表达其种植平面图。

c.植物配置表，表示名称（中文名、拉丁名）、种类、胸径、冠幅、树高。

④水景设计图：常用比例1：10，1：20，1：50，1：100。

a.主要表示人工水体剖面图。

b.表示各类驳岸形式：各类水池（如喷水池、戏水池、种植池、养鱼池等）平面图、立面图和剖面图。

c.表示位置，形状，尺寸，面积，高度，水深及池壁，池底构造，材料方案等。

⑤铺装设计图：常用比例1：10，1：20，1：50，1：100。

重点表示铺装形状、尺寸、材料、色彩。

⑥园林景观建筑、小品设计图（如:亭、廊、桥、门、墙、树池、标志、座椅等）常用比例1：10，1：20，1：50，1：100。

包括平面图、立面图和剖面图，重点表示建筑及小品的形状、尺寸、高度、构造示意及材料等。同时标出建筑及小品的照明位置。

⑦景观配套设施初步选型表。

根据甲方需要，可初步列表表示包括座椅、垃圾桶、花钵、儿童游戏及健身器材等在内的配套设施、说明安放的位置及数量等，可配以图片示意。

⑧给水排水图，常用比例1：500~1：1000。

给水、雨水管道平面位置。标注出干管的管径、水流方向、阀门井、水表井、检查井和其他给水排水构筑物的位置；场地内的给水、排水管道与建筑场地及城市管道系统连接点的控制标高和位置。局部平面图（比例可视需要而定）如游泳池、水景等平面布置图：绘制水景的原理图，标注干管的管径、设备位置的标高。

⑨电气图，常用比例1：500~1：1000。

表示出建（构）筑物名称、容量、供电线路走向，回路编号、导线及电缆型号规格，架空线，路灯，庭院灯的杆位。

最后应根据初步设计方案给出景观工程概算书，指导业主用以建设时的资金分配与控制。

（5）施工图设计阶段

这一阶段首先需要由甲方（业主方）提供景观施工设计的必要资料。如建筑、给水排水、电气、电信和燃气专业的总平面图，建筑架空层和一层平面、地下室平剖面图和地下室顶板结构图。景观设计师除了需要与结构工程师、给水排水工程师等协调专业问题外，还需要负责与施工的园林公司和各种供货商协调所选植物或灯具、室外设施的种类和规格。在作施工图设计前，还要结合施工现场和实际地形对图纸进行校对、修正和补充。施工图设计阶段内容包括:施工图设计说明、必要的设备、材料、苗木表、工程预算书和设计图纸。

施工图设计说明包括设计依据，工程概况，材料说明，防水，防潮做法的说明，种植设计说明和配合各类施工图进行的必要的文字说明等。

设计图纸包括以下11个方面：

①总平面图（1：300~1：1000）。

②竖向布置图（1：300~1：1000）。

③种植平面图（1：300~1：1000）。

④平面分区图（1:300~1:1000）。

⑤各分区放大平面图（1:100~1:200）。

⑥设计详图（1:10~1:100）。

⑦景观标示系统设计图（选）。

⑧景观配套设施选型表（选）。

⑨给水排水专业图。

⑩电气燃气专业图。

⑪景观工程设计概算书。

（6）施工配合阶段

在施工配合阶段，设计和施工要有机紧密地结合，如发现有图纸和现场不符，需要调整变动时，应注意图纸内容的变更既应遵循既定的基本原则，更要以现场客观条件为主，从施工现场的实际情况出发，及时反馈，更正图纸，保证图纸变更与施工进度同步。在工程完成后，施工单位还要配合各专业设计师完成竣工图。

设计从理论转变为现实，就是施工的过程，这是实现景观效果的最后也是最重要的一个过程。这一过程，需要设计师与甲方，园林施工单位和供货商多交流、多沟通，把设计意图充分落实到位，才能使实际营造的景观更加富有生机。

（7）回访总结阶段

在实践中应重视回访总结这一阶段。所有的设计，只有通过竣工后交付使用才能反映出设计的问题。设计人员应及时对已经竣工的项目进行回访总结，获得第一手资料，以便及时地发现和解决问题，总结报告的形成对设计和施工工作的改进都有很大的好处。

4.2.3　居住区景观场所设计类型

户外活动是居民生活的重要组成部分，其活动往往因居民的不同年龄特征而有所不同，如儿童游戏、健身运动（青少年及成人体育活动、老年人的保健锻炼等）。设计时应充分考虑不同人群的生理及心理特点。各类场地的布局应结合住宅小区的规划及外部景观环境进行统一安排和组织。常见的功能性场所景观有健身运动场地、儿童游乐场地、老年人活动场地和住区休闲广场。

（1）健身运动场

随着生活节奏的加快和社会压力的增大，人们在日常生活中极易感到身心疲惫。健身运动是现代人缓解紧张压力、放松心情的良好途径，也代表着一种积极健康的生活方式。

常见的健身运动场有户外乒乓球场、羽毛球场、网球场、排球场、篮球场、小型足球场、门球场等。

设计时应注意以下要点：

①场地应选择交通较为便利的位置。健身运动场应尽量分布在住区不同的区域，场地中不允许有机动车和非机动车穿越，以保证活动人群的安全。

②应与居民楼保持一定的距离。居住区级的健身运动场地在满足服务半径的同时还应尽量建在居住区的边缘。以免居民活动产生的嘈杂声对附近居民造成影响。

③场地的地面应选择平坦开阔，视线比较通透的场地，避免地形高差变化较大。地势较为平坦的场地，可以有效地防止和降低在运动中发生的危险。

④场地应尽量满足日照条件好、空气流通的要求。

⑤场地应尽量选择平整、防滑的运动铺装材料，同时也应满足易清洗、耐磨的要求。

⑥场地周围要考虑一定的休息区，并应满足人流集散的要求。休息区要考虑遮阴和休息坐椅。同时在不干扰居民休息的情况下保证夜间适宜的灯光照度。

⑦植物配置上应注意常绿树与落叶树的搭配，以保持运动空间的绿化效果。另外，乔木、灌木、草坪和花卉合理搭配，一方面有遮阴及美化空间景观的作用，另一方面有良好的隔声效果。

⑧在植物的选择上，避免选用有刺激性、有异味或易引起过敏性反应的植物如漆树，有毒植物如黄蝉和夹竹桃，有刺植物如构骨、刺槐、蔷薇等，飞絮过多的植物如杨树、梧桐等。

⑨服务设施：健身运动场要考虑休息空间的设施设置，如果皮箱和饮水器等。

⑩安全设施：在足球场、篮球场、网球场、排球场的外围应设置安全围栏，起到安全防护的作用。安全围栏四周可用攀援植物加以装饰，以弱化围栏的生硬感。

（2）儿童活动场所

儿童游戏场是居住区规划的重要组成部分，设计时要从居住区儿童户外游憩空间的相关规定、儿童行为心理、游憩空间的特点和类型以及周围环境等多方面综合考虑（图4-26）。

儿童游戏场地一般针对12岁以下的儿童设置，是集强身、益智和趣味为一体的活动场地。常见的主要设施有：秋千、滑梯、沙坑、攀登架、迷宫、跷跷板、戏水池等。

据调查，居住区的儿童约占居住区人口的30%，且户外的活动频率较高。

设计要点：

①场地应是开敞式的，拥有充足的阳光和日照，并能避开强风的侵袭。

②保证与主要交通道路有一定距离，场地内不允许机动车辆穿行，以免对儿童造成危险，同时可减少噪声、尾气对孩子健康的影响。

③场地应与居民楼保持10 m及以上的距离，以免噪声影响住户。

④尽量与其他活动场地如老年活动场地接近，以便成人看护，同时也使儿童具有安全感。

⑤部分儿童游憩空间可局部围合，以保证不良天气状况下仍可正常活动。

图4-26　儿童活动区

⑥场地内道路的设计应自然流畅，线形可活泼自由、富于变化。

⑦地面铺装的色彩和材质宜多样化。

⑧不应种植遮挡视线的树木，保持良好的视觉通达性，以便于成人的监护。

⑨在植物的选择上可选叶、花、果形状奇特且色彩鲜艳的树木，以满足儿童的好奇心，便于儿童记忆和辨认。但应忌用有刺激性的植物、有异味或易引起过敏性反应的植物如漆树；有毒植物如黄蝉和夹竹桃；有刺的植物如枸骨、刺槐、蔷薇等。

⑩活动场地及周围环境如道路、铺地、水体、山石小品等应是安全而舒适的游戏项目，应适合儿童的年龄特征，危险性的活动应提醒大人陪同和保护。

（3）老年人活动场所

我国是老年人数量最多、老龄化速度最快的国家。虽然近年来人们对老年人的关注越来越多，在居住区建设的过程中越来越重视老年人相关活动设施的建设，但就目前我国老年人口数量以及老年人对活动场所需求日益增加的实际情况来看，二者还是不相称。

由于缺乏对当今社会老年人居住、休憩行为及心理的认知和研究，许多城市居住区在活动场所布局以及景观空间的组织上缺乏对老年人应有的关爱，从而给老年人的户外活动造成不便。因此，景观设计时，应把"凡有益于老年人者，必全民受益"作为居住区规划的原则之一为老年人创造出舒适健康的居住环境。

居住区老年人活动场地设计要点有：

①老年人大多喜欢安静、私密的休憩空间。场地宜选择较有安全感、空间私密性较强的区域。

②场地的交通应便捷安全，在场地内不允许有机动车和非机动车穿越，以保证老年人出行的安全。

③场地应尽可能靠近公共服务设施，服务半径一般不超过老年人的最大步行半径500 m，但不宜直接邻近学校或成年人多的活动场所，以保证场地的安静和活动的不受干扰。

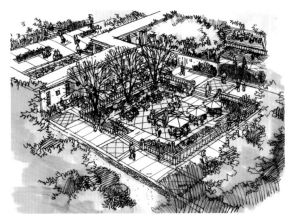

图4-27 小区休闲区

④在活动空间的布置中，可以针对老年人不同的行为特点设计动态活动区（门球、慢跑、舞剑、打拳等）和静态活动区（聊天、观景、晒阳、休息等），包括步行空间和种植园等。

⑤景观设计中，对地面之间的高差及台阶应进行无障碍设计，设置坡道及扶手。

⑥地面材质的选择，为老年人设计的场地应多采用软质材料，少用水泥等硬质材料。地面材质应防滑、无反光，在需要变化处可采用黄色、红色等易于识别的颜色。地面避免凹凸不平，应有良好的排水系统，以免雨天积水打滑。

⑦服务设施，在活动区内要适当多安置一些座椅和凉亭。座椅最好使用木质的，适合老年人腰腿怕寒的特点。

⑧植物配置。

a.适地适树，主要栽植有特色的乡土树种，适当选择适宜当地气候的外来树种。

b.避免使用带刺或根茎易露出地面的植物，以免形成障碍。如紫叶小檗、火棘、刺愧等。

c.老年人偏爱充满生机的绿色植物，因此树种多选用易于管理、少虫害、无毒的优良常绿树种。

d.老年人多喜爱颜色鲜艳的花卉，像色彩分明的花灌木与色叶木，如一串红。

e.可选用一些芳香型植物。

（4）休闲广场

居住区的休闲广场是居住者交流、休闲和娱乐的重要场所，是居住区中最有活力、最具标志性的地方（图4-27），是居住区外部景观空间的重要组成元素，也是衡量居住区环境品质的主要标准。

休闲广场作为居民的主要活动区域，不仅承载着休闲娱乐活动的功能，也是居住区重要的文化传播场所，因此空间营造上应具有较强的可达性和交流性，并应维持良好的生态性。

4.3 公园景观设计

4.3.1 公园景观的功能及设计原则

（1）公园的概念

公园一般是指政府修建并经营的作为自然观赏区和供公众休息游玩的公共区域，并且具有改善城市生态、防灾避难等作用的自然化的游憩境域。是既可供公众游览、观赏、休憩、开展科学文化及锻炼身体等活动，又有较完善的设施和良好的绿化环境的公共绿地。

（2）公园的功能

①休闲游憩功能

城市公园是城市的起居空间，作为城市居民的主要休闲游憩场所。其活动空间、活动设施为城市居民提供了大型户外活动的可能性，承担着满足城市居民休闲游憩活动需求的主要职能。这也是城市公园的最主要、最直接的功能。

②维持生态平衡的功能

城市的生态平衡主要靠绿化来完成，二氧化碳的吸收、氧气的生成是植物光合作用的结果。城市公园由于具有大面积的绿化，无论是在防止水土流失、净化空气、降低辐射、杀菌、滞尘、防尘、防噪声、调节小气候、降温、防风引风、缓解城市热岛效应等方面都具有良好的生态功能。城市公园作为城市的绿肺，在改善环境污染状况、有效维持城市的生态平衡等方面具有重要的作用。

③促进地方社会经济发展的功能

由于城市环境的恶化，城市公园作为城市的主要绿色空间，带动社会经济发展的作用越来越明显。城市公园的最显著的作用是能使其周边地区的地价和不动产升值，吸引投资，从而推动该区域的经济和社会的发展。

④美化城市景观的功能

城市公园是城市中最具自然特性的场所，往往具有水体和大量的绿化，是城市的绿色软质景观，它和城市的其他如道路、建筑等灰色硬质景观形成鲜明的对比。因此，城市公园在美化城市景观中具有举足轻重的地位。

⑤防灾、减灾的功能

城市公园由于具有大面积公共开放空间，不仅是城市居民平日的聚集活动场所，同时在城市的防火、防灾、避难等方面具有很大的保安功能。城市公园可作为地震发生时的避难地、火灾时的隔火带，大公园还可作救援直升机的降落场地、救灾物资的集散地、救灾人员的驻扎地及临时医院所在地、灾民的临时住所和倒塌建筑物的临时堆放场。

（3）公园级配模式

不同规模和类型的城市公园由于在内容、功能和服务半径等方面的不同，决定了公园系统应该分级配置才能发挥城市公园的最佳整体效益。

①综合公园

指在市、区范围内供城市居民进行休息、游览、文化娱乐的综合性功能为主的有一定用地规模的绿地。根据服务半径的不同，综合公园可分为全市性公园和区域性公园。大城市一般设置几个全市性服务的市级公园，每个区可有一至数个区级公园。市级公园面积一般在10公顷以上，居民乘车30 min可达。区级公园面积可在10公顷以下，步行15 min可达（服务半径一般为1000～1500 m），居民可进行半天以上的活动。综合性公园的内容、设施较为完备，规模较大，质量较好，园内一般有较明确的功能分区，如文化娱乐区、体育活动区、儿童游戏区、安静休息区、动植物展览区、园务管理区等。

综合性公园要求有风景优美、植物种类丰富的自然环境，因此选择用地要符合卫生条件，空气畅通，不致滞留潮湿阴冷的空气。用地土壤条件应适宜园林植物正常生长的要求，以节约管理、土地整理、改良园址的费用。但在城市用地紧张的情况

下，在城市总体规划中，一般都是把不宜修建建筑地段、沙荒划作公园用地，在这种情况下，也应因地制宜尽可能地经过改造之后，建设成为公园。另一方面，还应尽量利用城市原有的河湖、水系等条件。

②社区公园

社区公园是指为一定居住用地范围内的居民服务，这类绿地同居民生活关系密切，要求具有适于居民日常休闲活动的内容和相应的设施。《城市居住区设计规范》将社区公园分为居住区公园和小区游园两个小类。居住区公园为一个居住区的居民服务，面积一般2～5公顷，服务半径500～1000 m，步行5～10 min可以到达。小区游园为一个居住小区的居民服务，服务半径300～500 m。

③专类公园

专类公园是指具有特定内容和形式、有一定游憩设施的绿地。专类公园可分为儿童公园、动物园、植物园、历史名园、风景名胜公园、游乐园、体育公园。

④带状公园

在城市中有相当宽度（8 m以上）的带状公共绿地。常常设在城市道路的两侧，滨河、湖、海两侧。主要供城市居民作休息、游览之用。其中可设小型服务设施如茶室、小卖部、休息亭廊、座椅、雕塑等。植物配置以遮阴大树、开花灌木、草坪花卉为主。在与城市道路相邻处，需用植篱相隔，以防尘及噪声。

⑤街头游园

是指位于城市道路用地之外，相对独立或成片的绿地。又可包括小型沿街绿化用地、街道广场绿地等。

（4）公园的类型

我国现有的主要公园类型有：综合性公园、居住区公园、居住小区游园、带状公园、街旁游园、历史名园、植物园、动物园、儿童公园、游乐公园、主题公园、纪念性公园、专类植物园、森林公园等。

（5）公园景观设计原则

公园的规划设计要以一定的科学技术和艺术原则为指导，以满足游憩、观赏、环境保护等功能要求。规划是统筹研究解决公园建设中关系全局的问题。如确定公园的性质、功能、规模，在绿地系统中的地位、分工、与城市设施的关系，空间布局、环境容量、建设步骤等问题。设计是以规划为基础，用图纸、说明书将整体和局部的具体设想反映出来的一种手段。

①遵守相关规范

贯彻国家在园林绿地建设方面的方针政策，遵守相关规范标准。如国务院颁布的《城市绿化条例》、行业标准《公园设计规范》及相关文件。

②人性化原则

充分考虑到人民大众对公园的使用要求，丰富公园的活动内容及空间类型。

③传承特色原则

继承和革新我国造园艺术与技术，广泛吸收国外先进经验，使公园与当地历史文化及自然特征相结合，体现地方特点和风格，创造有特色的地域性园林景观。

④因地制宜原则

充分利用公园现状及自然地形，有机组织公园各个构成部分，使不同功能区域各得其所。

4.3.2 公园规划设计的一般程序

公园规划设计程序在这里主要是指公园规划设计的各个阶段及相应各阶段应完成的主要内容。

（1）任务书阶段

充分了解设计委托方对公园设计的所有愿望、对设计所要求的造价和时间期限等内容。

（2）基地调查和分析阶段

①了解城市规划及绿地系统规划与公园的关系，明确公园的性质。

②了解公园周边城市用地性质，分析公园应有的内容、分区和未来发展情况。

③了解公园用地和周围名胜古迹、人文资源等，分析公园应具有的人文特色。

④了解公园周围城市形态、肌理、建筑形式、体量、色彩等，分析因此对公园形态、风格产生的影响。

⑤了解公园周边的城市车行、步行交通状况，分析人流集散方向和车行组织特点。

⑥了解公园用地内外的视线特点，分析公园景观视线的组织和序列。

⑦了解该地段的电源、水源以及排污、排水，周围是否有污染源等情况，分析公园基础设施和城市相应设施和环境的衔接。

⑧了解规划用地的地形、气象、水文、地质等方面的资料，分析地形改造利用的条件和限制。

⑨了解和掌握地区内原有植物种类、生态、群落组成状况，分析地域性植被特色。

（3）编制总体设计任务文件

制订出公园设计的目标、指导思想和原则，编制出进行公园设计的要求和说明。主要包括以下内容：

①公园设计的目标、指导思想和原则。

②公园和城市规划、绿地系统规划的关系，确定公园性质和主要内容。

③公园总体设计的艺术特色和风格要求。

④公园地形地貌的利用和改造，确定公园的山水骨架。

⑤确定公园的游人容量。

⑥公园的分期建设实施程序。

⑦公园建设的投资匡算。

（4）总体方案设计阶段

根据总体设计任务文件，进行全面的公园设计任务。

①主要设计图纸内容

A.区位图。表示该公园在城市区域内的位置，显示公园和周边的关系。

B.综合现状图。通过照片、现状实测图等写实媒介，对现状作综合评述。

C.现状分析图。对基地调查和分析阶段的成果进行分项图示解说。

D.结构分区图。根据总体设计的目标、指导思想和原则、现状分析，确定公园内容和功能分区。划出不同的空间区域，使不同空间区域满足不同的功能要求。该图属于示意说明性质，可以用抽象图形表示。

E.总体设计方案平面图。明确表达：

a.公园主要、次要、专用出入口的位置、面积、布局和形式。

b.公园的地形、水体。

c.道路系统和铺装场地。

d.全园建筑物、构筑物等布局情况。

e.全园植物、专类园等景观。

F.竖向控制图。明确标明：

a.各出入口内、外地面高程。

b.主要景物的高程，主要建筑的底层和室外地坪高程。

c.山顶高程，最高水位、常水位、最低水位，水底标高，驳岸顶部高程。

d.园路主要转折点、交叉点和变坡点及高程。

e.园内外佳景的相互因借观赏点的地面高程。

f.地下工程管线及地下构筑物的埋深。

G.道路总体设计图：

a.公园的出入口及主要广场。

b.主路、支路和小路等的位置以及各种路面的宽度、排水纵坡。

c.初步确定主要道路的路面材料、铺装形式等。

H.种植总体设计图。主要包括不同种植类型的安排，如密林、草坪、疏林、树群、树丛、孤立树、花坛、花境、园路树、湖岸树、园林种植小品等内容。同时，确定全园的基调树种、骨干造景树种，包括常绿、落叶的乔木、灌木、草花等。

I.园林建筑方案图。各类展览性、娱乐性、服务性、游览性园林建筑的方案图。

J.管线总体设计图：供水管网的分布以及雨水、污水的水量、排放方式、管网分布等。总用电量、分区供电设施、配电方式、电缆的敷设以及各区各点的照明方式及广播、通信等的位置。

K.全园的鸟瞰图、局部效果图等。

②主要文字文件内容

A.总体设计说明书

a.位置、面积、现状。

b.现状分析。

c.设计的目标、指导思想和原则。

d.功能分区、设计主要内容及游人容量。

e.管线、电信规划说明。

f.分期实施计划。

g.主要经济技术指标。

B.工程概算

可按面积根据设计内容、工程复杂程度，结合常规经验匡算，或按工程项目、工程量分项估算再汇总。

（5）技术设计阶段

①平面图

A.根据公园地形或功能分区进行设计，需标明园路、广场、建筑、水池、湖面、驳岸、树林、草地、灌木丛、花坛、花卉、山石、雕塑等所有细节的平面位置及标高，图纸比例≥1：500。

B.它们之间的关系应依据测量图基桩，用坐标网来确定。

C.主要工程应注明工程序号。

②地形设计

A.确定山地的形体、制高点、山峰、山脉、山脊走向、丘陵起伏、缓坡、微地形的造型。同时，地形还要表示出湖、池、潭、港、湾、涧、溪、滩、沟以及堤、岛等水体造型。此外，还要标明入水口、出水口的位置等。要确定主要园林建筑所在地的地坪及桥面、广场、道路变坡点高程。还必须注明公园与市政设施、马路、人行道以及公园邻近单位的地坪高程，以便确定公园与四周环境之间的排水关系。

B.横纵剖面图：在重要地段或艺术布局最重要的方向做出断面图，一般比例尺为1：200~1：500。

③分区种植设计图

能较准确地反映乔木地种植点、栽植数量、树种，主要包括密林、疏林、树群、树丛、园路树、湖岸树的位置。其他种植类型，如花坛、花境、水生植物、灌木丛、草坪等的种植设计图，图纸比例≥1：500。

④园林建筑设计图

建筑初步设计图纸深度。

⑤管线设计图

上水（生活、消防、绿化、市政用水）、下水（雨水、污水）、暖气、煤气、电力、电信等各种管网的位置、规格、埋深等。

（6）施工图阶段

①施工总平面图

A.放线坐标网、基点、基线的位置，标明各种设计因素的平面关系和它们的准确位置。

B.设计的地形等高线、高程数字、山石和水体、园林建筑和构筑物的位置、道路广场、园灯、园椅、果皮箱等。

C.做出工程序号、剖断线等。

②竖向设计图（高程图）

A.竖向设计平面图

a.表示出现状等高线、设计等高线、高程。

b.涉及溪流河湖岸线，要标明水体的平面位置、水体形状河底线及高程、排水方向。

c.各区园林建筑、休息广场的位置及高程；挖方填方范围等、填挖工程量注明。

d.各区的排水方向、雨水汇集点以及建筑、广场的具体高程等。

B.竖向剖面图

a.剖面表示主要部位山形、丘陵、谷地的坡势轮廓线及高度。

b.表示水体平面及高程变化，注明水体的驳岸、池底、山石、汀步及岸边的处理关系。

c.所有剖面的剖切位置、编号。

③道路广场设计图

A.平面图。表示各种道路广场、台阶山路的位置、尺寸、高程、纵横坡度、排水方向；在转弯处，主要道路注明平曲线半径；路面结构、做法、路牙的安排，以及道路广场的交接、交叉口组织，不同等级道路连接、铺装大样、回车道、

停车场等。

B.剖面图。表示纵曲线设计要素，路面的尺寸及具体材料的构造。

④种植设计图（植物配置图）

A.种植设计平面图。乔、灌木和地被的具体位置、种类、规格、数量、种植方式和种植距离。

B.大样图。对于重点树群、树丛、林缘、绿地、花坛、花卉及专类园等，可附种植大样图，将群植和丛植的各种树木位置画准，注明种类数量，画出坐标网，注明树木间距，并做出立面图，以便施工参考。

⑤水景工程设计图

A.表示水景工程的进水口、溢水口、泄水口大样图。

B.池底、池安、泵房等的工程做法，水池循环管道平面图。

⑥园林建筑设计图

要求达到建筑施工图设计深度。

⑦管线设计图

A.平面图。上、下水管线的具体位置、坐标，并注明每段管的长度、管径、高程以及如何接头等；园林用电设备、电信设备等的位置及走向等。

B.剖面图。画出各号检查井，表示井内管线及截门等交接情况。

⑧工程预算

预算包括直接费用和间接费用。直接费用包括人工、材料、机械、运输等费用，间接费用按照直接费用的百分比计算，其中包括设计费用和管理费。

⑨施工设计说明书

说明书应写明设计的依据、设计对象的地理位置及自然条件，公园设计的内容、要点，各种园林工程的论证、叙述，公园建成后的效果分析等。

4.3.3 综合性公园景观设计

（1）内容、规模和容量

综合性公园规划设计的首要工作是确定公园的内容、规模和容量。

①内容

综合性公园设计必须以创造优美的绿色自然环境为基本任务，在此基础上要根据现有条件和将来使用，设置多种文化娱乐设施、儿童游戏场和安静休憩区，也可设游戏型体育设施。

②规模和容量

综合性公园全园面积不宜小于10 hm²。公园设计必须确定公园的游人容量，作为计算各种设施的容量、个数、用地面积以及进行公园管理的依据。公园游人容量应按下式计算：$C=A/Am$。式中C——公园游人容量（人），A——公园总面积（m²），Am——公园游人人均占有面积（m²/人）。综合性公园人均占有公园面积以60 m²为宜，水面和坡度大于50%的陡坡山地面积之和超过总面积的50%的公园，游人人均占有公园面积应适当增加，其指标应符合《公园设计规范》。

（2）分区布局

根据批准的设计任务书，结合现状条件对功能或景区划分，确定综合性公园各分区的规模及特色（图4-28）。

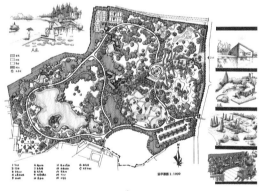

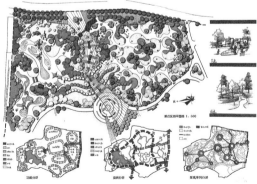

图4-28　城市综合性公园规划（任扶桑）

①分区的依据

A.公园基地的自然条件。

B.公园和城市规划、绿地系统、周边用地性质的关系。

C.游人活动类型和行为模式。

②综合性公园分区

可进行以下分区：文化娱乐区、观赏游览区、安静休憩区、儿童游戏区、老人活动区、体育活动区等。

A.文化娱乐区

区内的主要设施包括俱乐部、游戏广场、技艺表演场、露天剧场、影剧院、音乐厅、舞池、溜冰场、戏水池、展览室（廊）、演讲场地、科技活动场等。

B.观赏游览区

本区以观赏、游览参观为主，在区内主要进行相对安静的活动，为达到良好的观赏游览效果，要求游人在区内分布的密度较小，以人均游览面积100 m²左右较为合适。

C.安静休憩区

该区一般选择具有一定起伏地形的区域，如山地、谷地、溪边、湖边、河边、瀑布等环境最为理想，并且要求树木茂盛、绿草如茵，有较好的植被景观环境。

D.儿童活动区

儿童活动区内可根据不同年龄的少年儿童进行分区，一般可分为学龄前儿童区和学龄儿童区。主要活动设施有：游戏场、戏水池、运动场、障碍游戏、少年宫、少年阅览室、科技馆等。

儿童活动区规划设计应注意以下5个方面：

a.该区位置一般靠近公园主入口，便于儿童进园后能尽快地到达区内开展自己喜爱的活动。避免儿童入园后穿越其他各功能区，影响其他各区游人的活动。

b.儿童区的建筑、设施要考虑少年儿童的尺度，并且造型新颖、色彩鲜艳；建筑小品的形式要适合儿童的兴趣，富有教育意义，最好有童话、寓言的内容或色彩；区内道路的布置要简洁明确，容易辨认，最好不要设台阶或坡度过大以方便通行童车。

c.植物种植应选择无毒、无刺、无异味的树木、花草；儿童区不宜用铁丝网或其他具有伤害性的物品，以保证活动区儿童的安全。

d.儿童区活动地周围应考虑遮阴林木、草坪、密林，并能提供缓坡林地、小溪流、宽阔的草坪，以便开展集体活动及更多遮阴。

e.儿童活动区还应考虑成人休息、等候的场所，因儿童一般都需家长陪同照顾，所以在儿童活动、游戏场地的附近要留有可供家长停留休息的设施，如坐凳、花架、小卖部等。

E.老人活动区

老人活动区在公园规划中应考虑设在观赏游览区或安静休息区附近，要求环境优雅、风景宜人。

具体从以下5个方面进行考虑：

a.动静分区。动态活动区与静态活动区应有适当距离，并以能相互观望为好。

b.闹静分区。闹区的选位布局极为重要，一般参与闹区活动的老人好热闹、具表演欲，应为他们提供相应的表演空间并有相应的观众场地，如设疏林广场、缓坡开阔草坪等。

c.设置必需的服务建筑、必备的活动设施。在公园绿地的老人活动区内应注意设置必要的服务性建筑，并考虑老人的使用方便，如厕所内地面要注意防滑，并设置扶手及放置拐杖处，还应考虑无障碍通行，以利于乘坐轮椅的老人使用。

d.一些有寓意的景观可激发老人的生命活力。

e.注意安全防护要求。

F.体育活动区

体育活动区常常位于公园的一侧，设自己的专用出入口，以利于群众的迅速疏散；体育活动区的设置一方面要考虑其为游人提供进行体育活动的场地、设施，另一方面还要考虑到其作为公园的一部分，需与整个公园的绿地景观相协调。

G.园务管理区

该区是为公园经营管理的需要而设置的专用区域。一般设置有办公室、值班室、广播室及水、电、煤、通信等管线工程建筑物和构筑物、维修处、工具间、仓库、车库、温室、棚架、苗圃、花圃、食堂、宿舍等。

③布局

A.公园各分区应建设成在活动、景观和生态三方面有机联系的统一整体。

B.合理组织游人在园内进行各项活动，满足游人多种娱乐和休息的要求。

C.确定全园的景观构想、景点设置，在空间上形成统一的艺术构图整体。

D.综合考虑气候、地形、植被、土壤和水体等自然因素，建立良好的水平、垂直生态格局。

（3）设计要点

①出入口设计

A.根据城市规划和公园内部分区布局要求，确定游人主、次和专用出入口的位置。

B.根据城市交通、游人走向和流量，设置出入口内外集散广场、停车场、自行车存车处等，并应确定其规模要求。

C.可依据公园不同的管理方式设置相应的附属建筑设施，如园门、售票处、围墙等。

②竖向设计

要求表达山体、水系和公园自然条件、内容规模、艺术特色的内在有机联系。

A.利用原有地形地貌，因势利导的进行改造，尽量减少土方量。

B.地形改造还应该结合分区的功能要求。

C.巧于因借，创造美丽的风景。

D.满足排水等工程上的要求。

E.为不同生态条件要求的植物创造各种适宜的地形条件。

③道路广场设计

园路系统设计，应根据公园的规模、各分区的活动内容、游人容量和管理需要，确定园路的路线、分类分级和园桥、铺装场地的位置和特色要求。

A.组织交通：园路要做到等级分明、布局合理、线型通畅、便于集散。园路的路网密度宜为 $200 \sim 380 \ m/m^2$。

B.引导游览：园路对游人游览要起到引导和暗示的作用，创造连续展示园林景观的空间或欣赏前方景物的透视线，同时要注意园路的可识别性和方向性。

C.划分景区：主路和支路常可划分功能区或景区，同时也起到景区间联结和过渡的作用。

D.自成景观：园路及铺装场地应根据不同功能要求确定其结构和饰面。面层材料应与公园风格相协调，形成景观。

E.创造特色：铺装场地应根据集散、活动、演出、赏景、休憩等使用功能，同时结合基地自身的自然、人文要素，做出不同的设计并形成特色。

④园林建筑设计

提供一定的室内空间满足公园功能和造景的需要是一切园内园林建筑的设计依据。

A."观景"与"景观"：同时满足看与被看的要求，园内一切园林建筑应该既是观景点也是景观点。

B.景观与建筑的交融：建筑物的位置、朝向、高度、体量、空间组合、造型、材料及色彩，应与地形、地貌、山石、水体、植物等其他造园要素统一协调。

C.形式与功能的统一：园林建筑的使用功能应在其形式上有所反映，同时园林建筑在体量、空间组合、造型、材料及色彩的设计上也要充分考虑建筑物功能活动的特殊需要。

⑤植物规划设计、选择的原则与要求

植物规划设计、选择应以公园总体设计对植物组群类型及分布的要求为根据，同时满足下列原则：

A.要满足改善环境、生态保护的要求。公园的绿化用地应全部用绿色植物覆盖，采取以植物群落为主，乔木、灌木和草坪地被植物相结合的多种植物配置形式。建筑物的墙体、构筑物可布置垂直绿化。

B.要满足游园活动的各种功能要求，根据各分区不同的功能活动，做出不同的植物设计。

C.要满足公园艺术布局的要求，考虑四季景观、特色植物、种植类型、植物搭配等因素。

D.要从建园行程来考虑，依据分区和重要程度，做到植物规格大小结合、速生慢生结合、密植疏植结合。

E.要选择适应栽植地段立地条件的当地适生种类，选择寿命较长、病虫害少、无针刺、无落果、无飞絮、无毒、无花粉污染的植物种类。合理确定常绿植物、落叶植物和乔木、灌木的种植比例。

4.3.4 专类、专项公园景观设计

（1）儿童公园

儿童公园是儿童青少年接近自然、学习自然和在自然为主体的环境中开展有益身心健康的各类活动的重要场所。

①分区依据

A.公园基地的自然条件。

B.儿童的年龄段。

C.儿童公园的规模，一般来说全园面积宜大于 $2\,hm^2$。

②分区

A.儿童公园可进行以下分区，即学龄前儿童区、小学生及青少年活动区。

B.有一定规模的儿童公园还可以在青少年活动区下分为：体育区、文娱区、游戏区和科学普及区等。规模不大的儿童公园如不能严格按功能分区，可以按年龄分成几个功能活动场地。

③布局

A.主出入口要有标识性，和城市交通干线直接联系，尤其和城市步行系统联系紧密。

B.园内主要的广场和建筑应为全园的中心，按年龄段区分的各种场地应采用艺术方式，引起儿童的兴趣，使儿童易于记忆。

C.学龄前儿童区应靠近主要出入口，而青少年使用的体育区、科普区等应距主要出入口较远处。

D.园内道路应明确捷近，不过分迂回。

E.地形地貌不宜过于起伏复杂，要注意分区内的视线通达。

④建筑及各种设施

A.建筑和设施的尺度要与儿童的人体尺度相适

应，造型、色彩应符合儿童的心理特点。

B.各种使用设施、游戏器械和设备应结构坚固、耐用，并避免构造上的硬棱角。

⑤植物

A.不能选用有刺、有毒、有嗅味以及引起皮肤过敏的植物种类。

B.乔木宜选用高大荫浓的种类，夏季庇荫面积应大于活动场地范围的50%。

C.活动范围内灌木宜选用萌发力强、直立生长的中高型种类，树木枝下净空应大于1.8 m。

D.植物种类应尽量丰富，以利于培养儿童对自然界的兴趣。

（2）主题公园

由一个或几个相关主题所主导，再配合不同的人工设计景观和设施，让游客体验到主题感觉。其实质上是一种文化的形象展示，即通过适当的方式将资源（创作素材）所蕴含的无形的文化内涵用具体的物化产品（在三维空间上）表现出来。

①主题公园的类型

可以分为情景模拟、游乐、观光和风情体验等类型。

A.情景模拟型，是对某种场景的塑造，具体的即是各种影视城的主题公园。

B.游乐型的主题公园，提供了刺激的游乐设施和机动游戏。

C.观光型的主题公园则浓缩了一些著名景观或特色景观，让游客在短暂的时间内欣赏最具特色的景观。

D.风情体验为题的主题公园，则将不同的民族风俗和民族色彩展现在游客眼前。

②设计目标

A.经济效益。主题公园作为旅游产品的组成部分，必须以追求经济效益为目标，按照赢利的原则来设计。

B.审美。游园活动也是一种审美活动，主题公园设计必须确立美学的目标和需要，包含着对美的发现和揭示。

C.现代旅游活动是一种社会性活动，这要求主题公园的设计必须肩负促进社会文化健康发展，提高人类生活质量的目标和需要。

③布局

A.主题景观序列。以设定的游览线，将各景观元素或景观点串联起来，组成完整的景观序列，体现艺术气氛乃至艺术意境、文化内涵和时代气息。

B.出入口。主要出入口有明显的标志和符号感，应有相应和足够面积的内、外集散广场和停车场。

C.竖向设计。根据表现主题的需要，对地形进行人工塑造，营造强烈的艺术效果。

D.园路及游览。强调主环线道路以展示设定的景观序列。选择步行、船行、机动车行和轨道车行等能提供最佳参与和体验主题的游览方式组织游览。

E.景观元素。以人工景观元素为主，尽可能结合中国自然山水园林的设计手法，创造富有中国特色的主题公园景观。

④植物设计

A.靠近主环路和主要景点的植物应体现主题场景，可根据观叶、观花、观果或观赏植物姿态为依据选择树种。避免选择有刺、有毒、有嗅味以及引起皮肤过敏的植物种类。

B.远离主环路和主要景点的地区植物以背景效果和生态效益为依据，选择适应性强的乡土树种并注意常绿树所占的比例，保持背景景观的相对稳定。

（3）纪念性园林

具有某种独特风格并营造出浓厚纪念气氛的绿色空间。

①分区

A.入口区。和主入口直接联系，有一定规模的内外广场区，适应特殊纪念日的瞬时人流集散。

B.纪念区。纪念园林的主体部分，是某种纪念主题在空间上的集中体现。

C.游憩区。纪念园林的辅助部分，是游人展开自由休息、观赏等活动的空间。

D.管理区。为全园提供后勤管理服务的功能区。

②布局

A.出入口区。和城市主干道直接相连的纪念园林，应有相应的人流集散、小型集会的场地。平面通常为规则构图，体现庄严、肃穆的气氛。

B.纪念区。通常直接和出入口区有直接的路径和视觉联系，采用规则构图沿轴线展开景观序列，渐次增强地营造某种纪念主题的氛围。

C.游憩区。结合自然地形、地貌，通常采用自然风景构图，做到将景色、含义、活动和环境相结合。

D.管理区。尽可能远离公园主轴线，控制功能区的面积和建筑体量，尽量隐蔽并有其单独的对外联系出入口。

E.竖向设计。可采用台地或主景升高等造园手法配合营造纪念气氛，亦可利用基地原有的山水格局适当改造后形成的空间虚实、开合变化来配合组织纪念主题景观序列。

F.园路。在出入口规则式道路和轴线重合或平行，在其他区则采用自然式道路串联景点和满足交通功能的需要。

③建筑

应符合纪念园林的内容、规模和特色，立面构图尽量采用简洁的体量和虚实对比，和其他造园要素融为一体，增强全园雕塑感和纪念感。

④植物

A.入口内广场和纪念区周围多用规则栽植，以常绿树为主，不强调季相变化，配合其他园林要素，创造某种纪念气氛。

B.游憩区的植物应在和纪念区的骨干树种有呼应的同时，选择乡土观赏树种，注意色彩搭配、季节变化、层次变化。

（4）植物园

能体现植物的科学研究、科学教育和科学生产的三者关系，在空间布局上将科学内容和造园艺术相结合的绿色境域。

①植物园的类型

A.属于科学院领导，以科学研究为主、科学教育与生产结合的正规植物园。

B.属于地方领导，科学研究、科学教育、文化娱乐并重的综合性正规植物园。

C.大专学校或文教系统以进行科学研究和教育的附属植物园。

D.产业部门以解决当地有关专业生产上的问题为主要任务的植物园。

②分区

A.展览区

世界各国的植物园展览区，归纳起来有以下类型：

a.按照植物进化原则和分类系统来布置的展览区。

b.按照植物的生态习性与植被类型布置的展览区。

c.依据植物地理分布和植物区系的原则布置的展览区。

d.根据植物的经济用途和人类改造植物的原则布置的展览区。

e.观赏植物与造园艺术相结合的展览区。

f.树木园展览区。

g.物种自然保护展览区。

B.科研及苗圃区

通常有以下组成部分：

a.科研实验区。

b.引种驯化区。

c.示范生产区。

d.苗圃区。

③布局

A.出入口

面积较大的植物园，需要较多出入口。其主要进出口应与城市的交通干线直接联系，从市中心有方便的交通工具可以直达植物园。有一定面积的内、外集散广场和停车场。

B.展览区

应在入口附近。靠近入口的区域适宜布置科普意义大、艺术价值高、趣味性强的内容，形成植物园的活动中心和构图重心，如植物展览馆、展览大温室、花卉展览馆等和面积不大的展区。离入口较远的区域适宜布置专业性强、面积大的展区。

C.科研及苗圃区

可以远离主入口，但应和展览区的主要部分有较好的交通联系，区内土壤、排水条件好，有单独的出入口。

D.竖向设计

在选址的基础上配合适当的地形改造，形成不同的小气候，创造多种生境来适应不同植物种类的生存。

E.园路

园路系统等级明确，充分满足交通和导游功能。展览区路网密度应明显高于科研及苗圃区。

④建筑

可结合广场形成建筑群成为全园的构图中心，亦可分散和环境结合形成景点。建筑风格宜现代、轻快，体现科技含量。

⑤植物

A.物种。广泛收集植物种类，特别是收集那些对科普、科研具有重要价值和在城市绿化、美化功能等方面有特殊意义的植物种类。

B.植物园展览区的种植设计应将各类植物展览区的主题内容和植物引种驯化成果、科普教育、园林艺术相结合。

C.种植形式及类型。基本上采用自然式，有密林、疏林、树群、树丛、孤植树、草地花丛、花镜等。

D.配植方式。不同科、属间的树种，由于形态差别大、易于区别，可以混交构成群落；同属不同种的植物，由于形态区别不大，不宜混交；同一树种种植密度应有变化，以便观察其不同的生长状况。

（5）动物园

以自然保护、公共教育、科学研究和娱乐休闲为目的的绿色生态园林。

①动物园的类型

A.附属在大型综合性公园里的动物园和动物角。

B.单独设立的、规模较大的动物园。

C.大型的、不再仅仅以展出物种本身为目

的，而是以自然保护和环境关注为目的的野生动物园。

②分区

A.动物陈列区。通常有以下方式：

a.按动物地理分布排列。

b.按动物进化系统排列。

c.混合式排列。

B.后勤管理区。

③布局

A.出入口。主要进出口应与城市的交通干线直接联系，应有一定面积的内、外集散广场和停车场。

B.动物陈列区。兽舍大小组合、集零为整，组成一定体量的建筑群，室内、室外动物活动场地结合，以便于游人观赏和动物园总体艺术风貌的形成。

C.后勤管理区。和动物陈列区有较好的交通联系，但本身具有较弱的视觉引导力。做到既便于饲养管理，又不成为风景构图的重心。

D.竖向设计。充分利用地形和通过地形改造和创造地形来满足不同生活习性的动物的需要，同时创造优美的自然山水景观。

E.道路。园内主路应当是最主要最明显的导游线，能明显和方便的引导游人参观展览区。

④建筑

建筑应和地形地貌有机结合、融为一体，造型质朴粗犷、充满野趣。

⑤植物

A.有利于创造动物的良好生活环境和模拟动物原产区的自然景观。

B.动物运动范围内应种植对动物无毒、无刺、萌发力强、病虫害少的中慢长种类。

C.创造有特色植物景观和游人参观休憩的良好环境。

（6）森林公园

森林公园既不同于风景名胜区，又有别于林业生产区。它以开展森林旅游为主体，同时强调保护绿化、调整林分结构、美化景区环境、创造特色森林景观和保护珍稀动物，是生态效益与经济效益相结合的一种景观形式。

①森林风景旅游资源评价

A.自然风景资源评价：

a.林相景观。

b.季相景观。

c.古树名木。

d.地貌景观。

e.水体景观。

B.人文景观资源。

C.旅游开发利用条件评价。

D.区域环境质量评价。

②分区

根据不同的风景资源进行分区，一般可以分为以下功能区：

A.管理接待区。以旅游接待服务和旅游管理为主要功能。

B.森林游憩区。以登山涉远、戏水探幽等游览活动为主要内容。

C.森林度假区。提供绿树掩映、回归自然的居住和生活方式。

D.森林野营区。创造平静和谐、浪漫随意的野外生活空间。

③布局

A.管理接待区。直接和公园主入口联系，是全园的后勤依托，和其余各区均有功能联系。

B.森林游憩区。是公园的游览主体，应根据风景资源的分布和组合，建立相应的景观序列。

C.森林度假区、森林野营区。和管理接待区有一定功能联系，又和森林游憩区有空间视觉联系。

D.竖向设计。充分利用原有地形、地貌，追求山林野趣，不做或尽量少做地形改造。

E.园路。在注意各功能区之间交通功能联系的同时，应更加注意园内主路的导游性。尤其是在森林游憩区，应精心选择游览线、组织景观序列。

④建筑

充分体现地域性特色，小体量和环境地形有机结合。

⑤植物

A.植物规划的重点是保护和营造地带性植被群落。

B.结合植物的观赏、科研、防护、保健、生态等多种功能，充分体现森林旅游的多功能性。

C.在重点地段，应选择乡土观赏树种，注意四季景观。

4.4 滨水带景观设计

4.4.1 滨水区景观的特征及动因

（1）滨水区景观的特征

①生态价值。滨水带产生的湿地、水和岸交接产生的各种生境，从生态学的意义上讲是孕育万物的地方。

②景观形象。岸线曲折、波光粼粼，产生强烈的虚实对比。也是五个构成要素（路径、节点、区域、边界、地标）中的边界。

③休闲的功能。提供普遍的户外活动形式，如划船、游泳、钓鱼等。

④广泛的吸引力。滨水带对于人类有着广泛的、持久的吸引力。

（2）滨水区开发的动因

滨水区的复兴、开发表现为一种城市建设活动，实质是经济、社会、环境等多方面的综合活动。

①经济的因素

城市总是在寻找新的发展机遇，土地是提供发展机遇的要素之一。利用空置的工业、交通用地作开发，可以节省大量的财力和精力。因为不需要动迁太多的居民，而政府又愿意将空置的滨水土地以低价提供给开发机构，开发机构也愿意利用这个机会来推动开发。正是由于滨水区相对的低地价和优良的区位，使多个大城市都纷纷转向滨水区的开发。政府希望以滨水区的开发带动城市经济的发展和振兴。这和"后工业社会"中第三产业的兴起直接的关系，这是滨水区开发的背景。

②社会的因素

首先，近30年来"全球文化"对旅游、休憩和户外活动的提倡，由此造成对开放空间的消费热上升。滨水地区濒临水面，视野开阔，是旅游、体育锻炼和其他户外活动的好场所。随着许多国家中产阶级的崛起和劳动方式的改变，许多人享受到了更多的闲暇时间，出现了所谓的"文化旅游"和"生态旅游"。北欧风格的购物中心输出到世界各地，并在滨水区开发出兼具娱乐功能的商店、快餐、餐厅、咖啡馆等内容的复合地带，这种土地的复合使用不仅会吸引本地居民及传统的旅游者，而且还可以吸引周边地域的造访者。这些相关因素形成了一个巨大的市场。

其次，现代航空业、通信业的发展，使人能够比以往任何时候都更方便的往来穿梭于世界各地，彼此交流信息。同时，北美早期成功的案例，吸引了全世界许多建筑师、政府官员和房地产开发商，他们纷纷访问取经，获得了大量一手资料和亲身体验。会议、出版物和影像图片则将信息传播到更大的人群范围。

第三，公共性节庆活动的日益增多也是一个新的特点，这种节庆活动通常是发生在或接近城市主要的滨水区。而这里的公园绿地、广场和其他表演场地都成为社区居民的聚集和庆贺活动的场地，为人们提供了欣赏享受表演艺术的舞台，滨水区往往是举办各种节日活动，如音乐节、美食节、航行节、露天演出或体育比赛的最佳场所。

③环境的因素

近年来随着环保意识的上升，工业和码头的迁移以及政府对环保的重视，环境治理的成效终于显现，水体变得清洁了，空气变得纯净了。环境质量的改善，使滨水区开发得以成功，使"近水"重新成为一种吸引力。

④文化的因素

由于经济实力有了长足的进步，人们在文化上有了更高的要求。此外，对流行了几十年的现代建筑单调、简单的方盒子形式，人们已经感到不满。人们怀念历史建筑的丰富细部和其中蕴藏的人情味，转向重新修复和利用历史建筑物。旅游中兴起的历史旅游和文化旅游，也引起旅游部门对历史建

筑保护和开发的兴趣，从而为维修历史建筑物提供了经济支持。这种对历史建筑的兴趣也反映在滨水区的开发上，例如欧美国家对滨水旧仓库、旧建筑的修缮热。巴尔摩内港区把原来的发电厂改成了科学历史博物馆。悉尼的"The Rooks"项目把原来的旧仓库改为热闹又有特色的商业购物街。新加坡在"船艇码头"改建中保留了东方特色的旧建筑，现在这一条东方式的商业街成了最吸引游客的场所之一。

⑤政策的因素

在各发达国家的滨水区开发中都有相当多的政府干预，其主要的途径是制定引导开发滨水区的政策法规，以使这项巨大的工程得以顺利地实施并且能达到预期的目的。

4.4.2　滨水区景观设计原则

滨水区复兴、开发的重要性在于它能充分体现城市的独特意象，提供城市富有特色、最具活力的公共空间，同时创造新的经济增长点。

（1）整体性原则

首先，滨水区是城市的一部分，切忌将滨水区规划成一个独立体而忽视了它和城市的关系。滨水空间应与城市开放空间体系有机结合，将市区的活动引向水边。其次，如果以"点、线、面"的关系来比喻滨水区的空间格局，那么一个"景点"的设计必须放在整条"景观带"的层次来考虑，而一条"景观带"的设计则必须放在整个城市的"面"的层次来考虑。用美国著名城市设计师巴纳特（J. Barnett）的话来说就是"每个城市设计项目都应放在比此项目高一层次的空间背景中去审视"。

（2）易达性原则

应让使用者能无阻碍地进入滨水区，并在区内参与各项活动、分享活动资源。车行、步行系统既要满足过境、防洪等功能要求，又要满足滨水区与市区交通联系的要求，以及滨水区内部交通、导游和划分景区的功能要求。

（3）多样性原则

滨水区内的土地使用具有多样性和混合性。土

地使用形态功能的单一片面易造成滨水区与城区的隔离和分化。多种不同用途的有机混合，如酒吧商业零售、游乐饮食、办公居住等功能组织在一起，可以使滨水区24小时都有活动、都有人流，增强滨水区的活力。

（4）共享性原则

滨水区是景色优美的地段，应属于公众所有，该地区的用地项目应为大众开放，如游乐、商业、休憩等。滨水区岸线被旅馆、商贸、住宅等项目独占，这是违背公共空间的规划原则。

（5）观赏性原则

穿越滨水区形成的带状空间是人们体验城市意象的主要场所。滨水区是形成城市景观特色最重要的地段，此岸与彼岸是"观与被观"的关系。丰富滨水空间形态，形成不同主体的空间序列是本原则的具体体现（图4-29）。

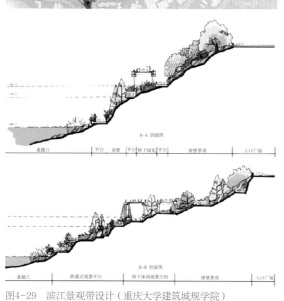

图4-29　滨江景观带设计（重庆大学建筑城规学院）

（6）生态性原则

滨水是景观生态空间格局中的重要部分。自然界由水体、河床、河漫滩、自然堤、阶地、河谷、植被、支流、湿地以及动物等构成的复杂的网络体统，滨水区是生态敏感地段，应以有效的措施保护。

4.5　其他类型景观设计

4.5.1　企事业单位景观设计

企事业单位景观设计主要包括：工矿企业园林绿地景观设计、机关事业单位景观设计、学校景观规划设计、医疗机构景观规划设计等。

（1）工矿企业园林绿地景观设计

工矿企业园林绿地指工矿企业专项用地内的绿地，其主要功能是减轻有害物质（如烟尘、粉尘及有害气体）对工人和附近居民的危害，调节空气的湿度、温度，降低噪声，防风、防火等。这类绿地对改善工矿企业的工作环境、安全生产、提高产品质量有着重要的作用。

（2）机关、事业单位景观设计

机关公共事业单位绿地是指公共事业单位专项用地内的绿地，随公共事业性质的不同而不同。如机关单位、学校、医疗机构、影剧院、博物馆、火车站、体育馆、码头等附属绿地。

①功能与特点

机关单位绿化的主要功能是为机关工作人员和到访市民提供一个舒适的工作环境。

②机关单位绿化规划原则

A.注重所处城市地段的整体风格和肌理，与周边环境相协调，融入城市景观。

B.绿化风格应与单位建筑布局环境相协调。

C.利于形成简洁高效的办公环境。

（3）学校景观规划设计

①校园绿化的作用

A.为师生创造一个防暑、防寒、防风、防尘、防噪、安静的学习和工作环境。

B.通过绿化、美化，陶冶学生情操，激发学习激情，寓教于乐。

C.为广大师生提供休息、文化娱乐和体育活动的场所。

D.通过校园内大量的植物材料，可以丰富学生的科学知识，提高学生认识自然的能力。

②校园绿化的特点与设计原则

校园绿化要根据学校自身的特点，因地制宜地进行规划设计、精心施工，才能显出各自特色并取得优化效果。

A.与学校性质和特点相适应

校园绿化除遵循一般的园林绿化原则之外，还要与学校性质、级别和类型相结合，如农林院校要与农林场结合，文体院校要与活动场地结合，中小学校要体现活泼向上的特点。

B.校舍建筑功能多样

校园的建造环境多种多样，校园绿化要能创造出符合各种建造功能的绿化环境，使不同风格的建筑形体融入绿化整体中，使人工建造景观与绿色的自然景观协调统一，达到艺术性、功能性与科学性的协调一致。

C.师生员工集散性强

学生上课、训练、集会等活动频繁集中，需要有大量的人流聚散和分散场地。校园绿化也要满足这一特点，否则即使是优美的绿化环境，也会因为不适应学生活动需要而遭到破坏。

D.学校所处地理位置、自然条件、历史条件各不相同

学校绿化应根据这些不同特点，因地制宜地进行规划、设计和植物种类的选择。如在低洼地区应选择耐湿或抗涝的植物，具有纪念性、历史性的环境，应设立纪念性景观或种植纪念树或维持原貌等。

E.绿地指标要求高

据统计，我国高校目前绿地率已达10%，平均每人绿化用地已达 $4 \sim 6 \ m^2$。但国家规定，要达到人均占有绿地 $7 \sim 11 \ m^2$，绿地率超过30%；今后，学校的新建和扩建都要努力达标。如果高校绿化结合教学、实习园地，则绿地率可达30%～50%的绿化指标。

（4）医疗机构景观规划设计

①医疗机构绿地功能

医疗机构绿地的主要功能是卫生防护，辅助功能为康复休闲，为病人创造一个优美的绿化环境，以利身心健康的恢复。

②医疗机构绿地规划设计的基本原则

A.应与医疗机构的建筑布局相一致，布局紧凑。

B.建筑前后绿化不宜过于闭塞，以便于辨识病房、诊室等。

C.全院绿化面积占总用地的70%以上。

4.5.2 生产及防护绿地景观设计

（1）生产绿地景观设计

生产绿地是指为城市绿化提供苗木、花草、种子的苗圃、花圃、草圃等圃地。

生产绿地是城市绿地系统中必不可少的组成部分，城市其他绿地的绿化面貌、绿化效果、绿化质量等都直接受它的影响，生产绿地的功能主要体现在以下几个方面：

①城市绿化的生产基地。

②城市绿化的科研基地。

③供游人观赏游览。

④改善城市生态环境。

（2）防护绿地规划

防护绿地是指为了满足城市对卫生、隔离、安全的要求而设置的绿地，它的主要功能是对自然灾害和城市危害起到一定的防护和减弱作用。它可细分为：城市防风林带、卫生隔离带、安全防护林带、城市高压走廊绿带、城市绀闭隔离带等。

①城市防风林带

城市防风林带是指为防止强风及其所带的粉尘、砂土对城市的袭击所建造的林带。

②卫生防护林带

卫生防护林带是为了防止产生有害气体、气味、粉尘、噪声等污染源的地区对城市其他区域的干扰而布置。城市污染源通常有工厂、污水处理厂、垃圾处理站、殡葬场、城市道路等，这些地方

所产生的各种废物、废气、废水及噪声等污染了环境，严重威胁着人们的健康。因此，在这些区域与城市其他区域，尤其是与居住区之间必须营造卫生防护林，尽可能保护其他地区不受或少受污染。

③安全防护林带

安全防护林带是为了防止和减少地震、火灾、水土流失、滑坡等灾害而设置的林带。城市中的各种自然及人为灾害将对人们的生活造成极大的影响并对人们的生命及财产安全形成威胁，因此在城市中易发生各种灾害的地区必须设置安全防护林带，以增加城市抵抗各种灾害的能力。

④城市组团隔离带

随着城市的发展，城市建成区往往会出现人口集中、生产集中、交通集中的状况，这就导致了城市建成区过度拥挤的局面，为了缓解这一局面所带来的城市建成区环境质量下降的问题，近年来出现了一类新型的防护绿地，即城市组团隔离带。城市组团隔离带是在城市建成区内以自然地理条件为基础，在生态敏感区域规划建设的绿化带。

通过近几年的实践证明，城市组团隔离带在改善城市生态环境中发挥了良好的作用，城市组团隔离带的建设是城市园林绿地建设的新方向，也是城市绿地系统可持续发展的重要举措。

| 知识重点 |

（1）城市街道与广场的景观设计要点有哪些？
（2）居住区景观设计的要点及程序有哪些？
（3）公园设计的程序及特点。
（4）滨水区景观设计的特征和原则。

5 景观设计成果

5.1 景观设计成果要求及表现技法

5.1.1 景观设计成果要求

景观设计表达的最终成果首先要符合国家相关行业规范的要求，并且做到以下几点：

（1）真实性

设计的景观最终是为人服务的，因此设计出来的景观要真实可行。设计表现绝不仅仅是为了表现而表现，所有的表现都要与设计创意和意图密切结合。

（2）科学性

景观设计是科学、技术、艺术的融合。对景观设计表现而言，科学就是对设计进行的理性、客观的真实反映。为了保证表现效果的真实性，特别是伴随着设计与表现方法的进步与完备，我们的设计表现作为设计整体的一部分，已经越来越多地本着科学性的原则，融入了透视学、光学、色彩学、材料学、心理学以及计算机学等基本的原理与规律，成为一种科学性的表现形式。

（3）艺术性

美的、有个性的、通过艺术处理的设计表现，会具有更强大的视觉冲击力和感染力，使作品突出特点，体现特色，更容易被理解和接受。同时，设计表现本身也是一种艺术创造活动，是一种感性与情感的审美活动，设计师艺术灵感和素养的高低程度，往往会直接地决定设计表现的水平。设计表现是一种创造性活动，合理、独到的表现可推动设计的不断更新、深化与完善。

5.1.2 景观设计表现类型

设计师在设计过程中与他人（包括政府、业主、民众、同行等）交流时需要借助纸张、模型、计算机等媒介，运用二维或三维的形式对设计构思进行形象的视觉化说明。一般来讲，只要是有助于表达设计意图的都属于设计表现的范畴，包括构思草图、效果图、实体模型、虚拟模型、照片、图表、文字说明书、多媒体视频等。

景观设计表现的类型按照设计的过程可分为以下几种：记录性草图（图5-1）、文字与图表；构思性草图、研究性草模；效果图、精确模型、平面图、多媒体展示；施工图。（见表5-1）

表5-1 各表现形式的应用阶段

应用阶段	表现形式	作　用	方案可塑性	方案成熟性
准备阶段	记录性草图、文字说明、意向图	用于记录、归纳、认识、分析，确定目标	高↕低	低↕高
构思阶段	构思性草图、概念方案图、研究性草模	快速记录构思创意，多方案比对，评估、选择方案，综合研究		
定案阶段	效果图、精确模型、平面图、设计详图、多媒体展示	准确地确定最终方案		
完成阶段	施工图	真实、精确地用于景观工程施工		

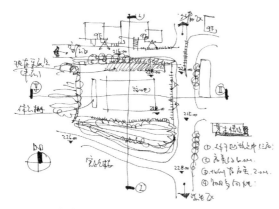

图5-1 记录性草图

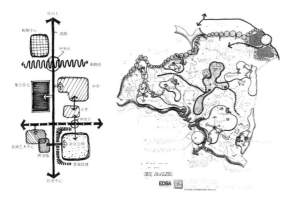

图5-2 设计概念图

图5-3 设计平面图

在景观设计过程中，构思性草图起着重要作用（图5-2）。它不仅可在短时间内将设计师思想中闪现的每一个灵感快速、形象地表现出来，而且通过设计草图可以对现有的构思进行分析而产生新的创意。在这个阶段，设计师的主要精力用在构思上，草图不要求精细和高质量，甚至可能把一些荒诞而抽象的形态记录下来，这对以后方案的形成具有重要的基础作用。

随着创意的逐渐深入，在众多的方案草图中通过比选，产生出几个最佳方案。为了进行深层次和技术上的比较，需要将最初概念性的构思按照一定的规范进行展开和深入，这样能比较成熟地反映景观设计理念的效果图便逐渐形成（图5-3）。为了让其他人员更能清楚地了解设计方案，效果图的表现应更清晰、严谨，同时具有多样化的特点，以提供选择的余地，如景观形态、结构、各种角度、比例、色彩等。

随着设计方案的不断深入和完善，当确定了景观方案后，就需要进行施工图的绘制，以便于将设计方案实现到客观世界中。这时施工图的绘制要求将细节进行规范、详细、准确的表达。

5.1.3 常见表现技法

景观设计表现技法可以理解为设计表现的方式，及设计师选择何种表达方式来表现设计意图。景观设计师就是要选择可以使人更容易接受设计意图的方式来表现。不同的表现技法会带来不同的艺术感受和主观效果。下面介绍几种常用的表现技法，包括铅笔、钢笔、彩铅、马克笔、水彩、计算机、多媒体等。

（1）铅笔画技法

铅笔表现是比较基础的绘画方法，素描也是彩色绘画的基本功，便于掌握黑白灰的明暗关系和练习准确描绘形体的能力，具有比较强大的表现力（图5-4）。各种笔的表达效果各不相同，用笔的轻重缓急、纵横交错，能使画面达到比较丰富的效果。总的特点是操作方便，便于修改；但是，由于其笔触较小，大面积表现时应注意时间的限制，而且不易长久保存，颜色也不如钢笔画鲜明。但最大的优点就是方便、易取、价廉，对工具要求并不苛刻，在快速表现或交流设计意图时，是最便捷的方法。

（2）钢笔画技法

钢笔是绘图最基本的工具，熟练运用与掌握钢笔画技法是设计者应具备的（图5-5、图5-6）。钢笔属于干性媒介，便于携带与使用，表现力丰富，也是经常应用的表现技法之一，特别适合表现光影感和机械感。钢笔画不仅单独使用具有很强的表现力，更重要的是，它与水彩、彩铅、马克笔都可以有很好的结合，对表现图入门基本功训练，具有很好的效果。在使用钢笔工具时，对于线的把握，一方面可以使用不同型号的钢笔来绘制不同宽度的线条；另一方面，在绘制线条时还要注意更加明确地发挥钢笔线条的精确理性、肯定有力、舒展流畅和赋予变化的特性。

点的巧妙运用，能增加物体的质感和画面的动感。在运线的过程中要注意力度，一般在起笔和收笔时的力度要大，在中间运行过程中，力度要轻一点，这样的线有力度有飘逸感。大的结构线可以借助于工具，小的结构线尽量直接勾画。

（3）彩铅画技法

彩铅是手绘表现中最常用的表现工具，是需要重点练习的一种技法。彩铅最大的优点是在画面中细节的处理，如灯光的过渡、材质的纹理表现等。另外因其颗粒感强，对于光滑质感的表现稍弱，如玻璃、石材、亮面漆等。其中笔触、力度、色彩是几个练习要素。

笔触的方向尽量保持统一，笔触方向稍微向外倾斜，保持形式美感。用色准确，下笔果断，加强力度，拉开明暗对比。用力较重会使图画比较粗重以及画面色彩饱满，用力较轻可以使色调与纹理混合搭配比较细腻，但画面容易发灰，偏浅。色彩方面，第一要注意色彩之间的过渡，选用一种色调之后，效果图中的每一个物体都要重复用它，并且足以影响画面中的色彩关系（图5-7）。第二要注意使用对比色来活跃画面，比如在绿树上稍加一些

图5-4　钢笔画（欧阳桦）

图5-5　钢笔画（邓小山）

图5-6　钢笔画（李毅）

图5-7　彩铅画（刘启明）

图5-8　水彩写生（周恒）

图5-9　马克笔（EDSA作品集）

图5-10　sketch up制作效果图（李毅）

图5-11　3D建模效果图

橙色或给黄色沙发加一些紫色的抱枕，在天空中加入一些橙色，学会冷暖关系相互衬托的表现方法装饰画面。用黑色铅笔适当的加强轮廓线，突出形体，增加细节。适当用沉稳的颜色来过渡冷暖色。第三要注意除了为原作直接着色以外，还可以将画面复制到硫酸纸，并在反面着色，最终的图画不仅保留了清晰的墨线图而且画面的色彩相当的柔和。彩铅还可运用于有纹理的纸张，会出现特别的质感。

（4）水彩画技法

水彩画技法是通过使用水彩工具来达到造型的一种手段。其特点是淡雅、透明、轻松明快、色彩淋漓、技法丰富（图5-8）。

水彩的表现力比较丰富，效果明显，但是较难掌握。一般由浅色部分开始逐渐变深。水彩可分为干画法与湿画法。干画法是一种多层画法，干画法可分层涂、罩色、接色、枯笔等具体方法。湿画法可分湿的重叠和湿的接色两种。水分的运用和掌握是水彩技法的要点之一。水分在画面上有渗化、流动、蒸发的特性，画水彩要熟悉"水性"。充分发挥水的作用，是画好水彩表现的重要因素。其他方法尽管不少，但都是为了达到画面的各种特殊效果，因而被称之为辅助技法。

（5）马克笔技法

马克笔是经常应用的比较理想的表现工具，常常被单独用于设计的快速表现。马克笔干净、透明、简洁、明快，其色彩种类十分丰富，多达上百种，各种明度、彩度、色相都很齐全，方便省时，且干燥速度极快，附着力极强，可以在各种纸面或其他材料上使用（图5-9）。但缺点是细部微妙表现与过渡自然表现等方面需要长期训练方可掌握。在上色之前要对颜色以及用笔做到心中有数，一旦落笔就不再犹豫，下笔定要准确、利落，注意运笔的连贯，一气呵成。

马克笔分水性和油性，水性马克笔色彩鲜亮且笔触明确，不能重叠笔触，否则会造成颜色脏乱，容易浸纸。油性的特点是色彩柔和笔触自然，缺点是比较难控制。

马克笔的笔法——也称之为笔触。马克笔表现技法的具体运用，最讲究的就是马克笔的笔触，它的运笔一般分为点笔、线笔、排笔、叠笔、乱笔等。点笔：多用于一组笔触运用后的点睛之处；线笔：可分为曲直、粗细、长短等变化；排笔：指重复用笔的排列，多用于大面积色彩的平铺；叠笔：指笔触的叠加，体现色彩的层次与变化；乱笔：多用于画面或笔触收尾所用，形态往往随作者的心情而定，也属于慷慨激昂之处，但要求作者对画面要有一定的理解与感受。

马克笔总体来说要注意以下五点：随形——用笔要随形体走，方可表现形体结构感；有序——用笔用色要概括，应注意笔触之间的排列和秩序，以体现笔触本身的美感，不可零乱无序；留白——不要把形体画得太满，要敢于"留白"；少色——用色忌杂乱，用最少的颜色尽量画出丰富的感觉；忌灰——画面切忌太灰，要有阴暗和虚实的对比关系。

值得注意的是，以上几种表达手段中钢笔、彩铅、水彩、马克笔在有些时候可以进行组合，配合不同纸张的应用，会有出人意料的综合效果。如马克笔和彩铅的结合可以综合马克笔的明快和彩铅的细腻，然而这需要建立在设计者熟练掌握每一门技巧特性的基础上。

（6）计算机表现

计算机正以惊人的渗透力进入各行各业，对于景观设计表现也不例外。计算机表现以其准确、真实、现场感强、可复制性等优点获得设计师与业主的青睐（图5-10、图5-11）。因此，景观设计师们需要积极地去尝试这一日益成熟的技术，尤其是年轻的景观设计师以及景观专业的学生们。主要的方法就是通过模型设计软件将设计过程或是成果用三维的方式表现出来，优点是体量、材质、场景等可以力求真实，并且在某种程度上比绘画表现快速，便于记录设计成果的生成过程。当然一个精确的模型不一定比手绘表达更加快速，选择哪一种工具要根据具体的情况和设计者自身的优势而定。

在这个时期，计算机建模技能和手绘表达技能同样变成了任何一行设计者的基本功。

（7）多媒体设计表达

多媒体设计强调的是以计算机为中心，各种媒介的有机组合，意味着媒体与媒体之间有着内在的逻辑联系。交互性是多媒体艺术设计的特色之一，没有交互性就不存在"多媒体"设计。交互性其实就是用户在某种程度上的参与，从另一种角度而言，多媒体就是通过硬件、软件、设计师和用户的参与来共同实现的高技术性艺术作品。设计时可以通过计算机将手绘、实体模型、计算机建模以三维动态的视频，综合音乐、绘画、表演等各种艺术形式进行展现，它的表达效果更直接、更全面、更真实、更好地和用户进行互动。

这是一门综合表达手段，需要调动的基本技能更多，手段和结果更加多样，是设计师进行设计表达的一种趋势和前景。

5.2 景观工程制图规范

5.2.1 施工图总体要求及说明

（1）总体要求

施工图的设计文件要完整，内容、深度要符合要求，文字、图纸要准确清晰，整个文件要经过严格校审，避免"错、漏、碰、缺"。

施工图设计应根据已通过的初步设计文件及设计合同书中的有关内容进行编制，内容以图纸为主，应包括封面、图纸目录、设计说明、图纸、材料表及材料附图等。

施工图设计文件一般以专业为编排单位。各专业的设计文件应经严格校审、签字后，方可出图及整理归档。

施工图的设计深度应满足以下要求：

①能据以编制施工图预算。

②能据以安排材料、设备订货及非标准材料的加工。

③能据以进行施工和安装。

④能据以进行工程验收。

在设计中应因地制宜地积极推广和正确选用国

家、行业和地方的建筑标准，并在设计文件的设计说明中说明图集名称和页次。

本文中关于设计说明书和图纸应表达的内容、深度等要求，是考虑对园林景观工程通用而编制的。在进行一项园林工程具体设计时，应根据设计合同书的要求，参照本文对相应内容的深度要求编制设计文件；当工程项目中有本文未列入的内容时，宜参照本文对深度的要求，将其增加编入设计文件中。

（2）设计说明

①设计依据及设计要求。应注明采用的标准图及其他设计依据。

②设计范围。

③标高及单位。应说明图纸文件中采用的标注单位，坐标采用的为相对坐标还是绝对坐标；如为相对坐标，须说明采用的依据。

④材料选择及要求。对各部分材料的材质要求及建议；一般应说明的材料包括饰面材料、木材、钢材、防水疏水材料、种植土及铺装材料等。

⑤施工要求。强调需注意工种配合及对气候有要求的施工部分。

⑥用地指标。应包含以下内容：总占地面积、绿地面积、道路面积、铺地面积、绿化率及工程的估算总造价等。

5.2.2 制图规范

（1）图纸幅面

为了图纸整齐, 便于装订和保管, 制图规范中规定了统一的幅面尺寸。绘图采用国际通用的图纸幅面规格, 即以字母A开头的系列图纸, 如A0（1 188 mm×594 mm）、A1（841 mm×594 mm）、A2（594 mm×420 mm）、A3（420 mm×297 mm）、A4（297 mm×210 mm）（图5-12）等。

当图形内容较多或图形长度超过图幅长度，需要相应地加长图纸时，图纸的加长量并不是任意增加的，而是为原图纸长边1/8的倍数。也不是所有的图纸都可以加长，只有A0～A3幅面的图纸可以加长且只能加长其长边（图5-13）。

（2）标题栏与会签栏

每张图纸上都必须绘制标题栏，用来简要地说明图纸的相关信息。标题栏通常位于图纸的右下角，其内容包括设计单位、工程项目名称、设计者、绘图者、审核者、图名、比例、日期和图纸编号等。标题栏的尺寸是有规定的，长边为180 mm，短边为30 mm或40 mm或50 mm（图5-14）。

（3）线宽及线型

在图纸中为了表示不同内容并使图形更加清晰、主次分明，必须使用不同线宽和线形的图线（表5-2）。

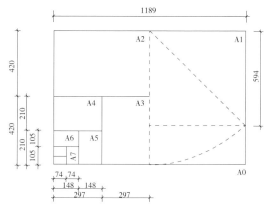

图5-12　图纸标准尺寸（单位mm）

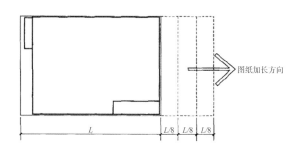

图5-13　图纸的加长

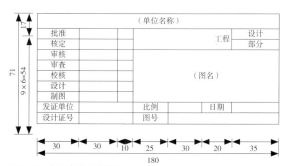

图5-14　标题栏与会签栏

线宽一般情况下有特粗线: 0.80 mm~1mm; 粗线: 0.50 mm~0.80 mm; 中粗线: 0.25 mm; 细线: 0.18 mm。

常用线型及用途:

特粗实线一般表示建筑剖面、立面中的地坪线, 大比例断面图中的剖切线, 剖切线; 粗实线表示平、剖面图中被剖切的主要建筑构造(包括构配件)的轮廓线, 建筑立面图的外轮廓线, 构配件详图中的构配件轮廓线; 中实线表示平、剖面图中被剖切到的次要建筑构造(包括构配件)的轮廓线, 建筑平立剖面图中建筑构配件的轮廓线, 构造详图中被剖切的主要部分的轮廓线, 植物外轮廓线; 细实线一般表示看线、尺寸线、尺寸界线、图例线、索引符号、标高符号。

图纸中的图线并不是只有一种线型, 而是随用途不同选择不同的线型。常用线有实线、虚线、点画线、折断线、波浪线等。

表5-2 各线性的功能

名称		线型	线宽	用途
实线	粗		b	主要可见轮廓线
	中		0.5b	可见轮廓线
	细		0.25b	可见轮廓线、图例线
虚线	粗		b	见各有关专业制图标准
	中		0.5b	不可见轮廓线
	细		0.25b	不可见轮廓线、图例线
单点画线	粗		b	见各有关专业制图标准
	中		0.5b	见各有关专业制图标准
	细		0.25b	中心线、对称线等
双点画线	粗		b	见各有关专业制图标准
	中		0.5b	见各有关专业制图标准
	细		0.25b	假想轮廓线
折断线			0.25b	断开界线
波浪线			0.25b	断开界线

（4）比例

工程图纸中的建筑物或机械图中的机械零件都不能按它们的实际大小画到图纸上, 需按一定的比例放大或缩小, 园林制图也是这样。图形与实物相对的线性尺寸之比称为比例。比例的符号用“:”表示。

（5）字体

绘图字体宜用长仿宋体, 文字应采用国家颁布的简化汉字。汉字的高度应不小于2.5 mm, 字母与数字的高度应不小于1.8 mm。当汉字、字符和数字并排书写时, 汉字的字高略高于字符和数字的字高。

①尺寸标注数字、标注文字、图内文字选用字高为3.5 mm。

②说明文字、比例标注选用字高为4.8 mm。

③图名标注文字选用字高为6 mm, 比例标注选用字高4.8 mm。

④图标栏内须填写的部分均选用字高为2.5 mm。

（6）符号标注

①风玫瑰图

在总平面图中应画出工程所在地风玫瑰图, 用以指定方向及指明地区主导风向。地区风玫瑰图查阅相关资料或由设计委托方提供(图5-15)。

②指北针

在总图部分的其他平面图上应画出指北针, 所指方向应与总平面图中风玫瑰的指北针方向一致(图5-16)。

③定位轴线及编号

平面图中定位轴线用来确定各部分的位置。定位轴线用细点画线表示, 其编号注在轴线端部用细实线绘制的圆内, 圆的直径为8 mm, 圆心在定位轴线的延长线或延长线的折线上。平面图上定位轴线的编号应标注在图样的下方与左侧, 横向编号用阿拉伯数字按从左至右顺序编号, 竖向编号用大写拉丁字母(除I, O, Z外)按从下至上顺序编号(图5-17)。

在标注次要位置时, 可用在两根轴线之间的附加轴线。附加轴线及其编号方法(图5-18)。

④索引符号及详图符号

对图中需要另画详图表达的局部构造或构件,

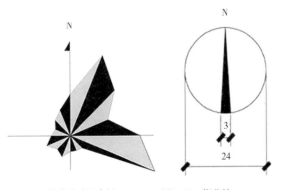

图5-15 某地玫瑰风向标　　　图5-16 指北针

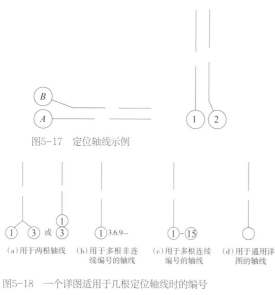

图5-17　定位轴线示例

图5-18　一个详图适用于几根定位轴线时的编号

(a) 用于两根轴线　(b) 用于多根非连续编号的轴线　(c) 用于多根连续编号的轴线　(d) 用于通用详图的轴线

图5-19　索引符号

图5-20　详图符号

在图中的相应部位应以索引符号索引。索引符号用来索引详图，而索引出的详图应画出详图符号来表示详图的位置和编号，并用索引符号和详图符号相互之间的对应关系，建立详图与被索引的图样之间的联系，以便相互对照查阅。

索引符号的圆及水平直径线均以细实线绘制，圆的直径应为10 mm，索引符号的引出线应指在要索引的位置上。引出的是剖面详图时，用粗实线段表示剖切位置，引出线所在的一侧应为剖视方向。圆内编号的含义为：上行为详图编号，下行为详图所在图纸的图号（图5-19）。

详图符号以粗实线绘制直径为14 mm的圆，当详图与被索引的图样不在同一张图纸内时，可用细实线在详图符号内画一水平直径。圆内编号的含义为：上行为详图编号，下行为被索引图纸的图号（图5-20）。

（7）尺寸标注

①基本规定

A.尺寸界线

尺寸界线用细实线绘制，一般应与被注长度垂直，其一端应离开图样轮廓线不小于2 mm。另一端宜超出尺寸线2~3 mm。必要时，图样轮廓线也可用作尺寸界线。

B.尺寸线

尺寸线用细实线绘制，应与被注长度平行，且不宜超出尺寸界线。尺寸线不能用其他图线替代，一般也不得与其他图线重合或画在其延长线上。

C.尺寸起止符

尺寸起止符应用中实线的斜短画线绘制，其倾斜方向应与尺寸界线成顺时针45°角，长度宜为2~3mm。半径、直径、角度与弧长的尺寸起止符号宜用箭头表示。

D.尺寸数字

图上尺寸应以尺寸数字为准。图样上的尺寸单位除标高及在总平面图中的单位为米（m）外，都必须以毫米（mm）为单位。尺寸数字应依据其读数方向写在尺寸线的上方中部，如没有足够的注写位置，最外边的尺寸数字可在尺寸界线外侧注写，中间相邻的尺寸数字可错开注写，也可引出注写（图5-21）。尺寸数字不能被任何图线穿过，不可避免时，应将图线断开。

②尺寸的排列与布置

A.尺寸宜标注在图样轮廓线以外，不宜与图线、文字及符号相交。但在需要时也可标注在图样轮廓线以内。尺寸界线一般应与尺寸线垂直。

B.互相平行的尺寸线，应从被注的图样轮廓线由近向远整齐排列，小尺寸应离轮廓线较近，大尺寸离轮廓线较远，图样外轮廓线以外最多不超过三道尺寸线。

C.图样轮廓线以外的尺寸线，距图样最外轮廓线之间的距离不宜小于10 mm，平行排列的尺寸线的间距宜为7~10 mm并应保持一致。总尺寸的尺寸界线应靠近所指部位，中间的分尺寸的尺寸界线可稍短，但其长度应相等。

③标高

标高是标注建筑物高度的另一种尺寸形式。其标注方式应满足下列规定（图5-22）。

④尺寸标注的其他规定（表5-3）。

（8）常用图例（表5-4）

5.2.3 施工图主要内容及要求

工程施工图（简称施工图）是初步设计图经汇报、修改、最终确定后即进入工程施工图设计阶段。为方便在施工过程中翻阅图纸，工程施工图分两部分，总图部分及分部施工图部分。

（1）总图部分

总图规划平面图主要表现用地范围内景观总的设计意图，它能够反映出组成景观各要素的布局位置、平面尺寸以及平面关系。因总图部分要表达的内容多，视图纸内容采用A1或A0图幅，同套图纸图幅统一。

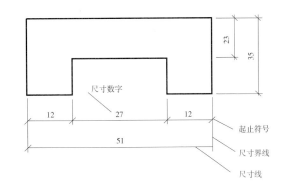

图5-21 尺寸组成要素

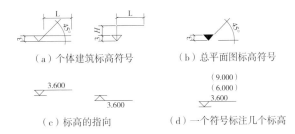

（a）个体建筑标高符号 （b）总平面图标高符号

（c）标高的指向 （d）一个符号标注几个标高

图5-22 标高符号及其画法

表5-3 尺寸标注的其他规定

注写的内容	注法示例	说　明
半　径		半圆及小于半圆的圆弧，就标注半径。标注半径的尺寸线的方向应一端指向圆弧，半径数字前加注符号"R"
直　径		圆及大于半圆的圆弧应标注直径，并在直径数字前加注符号"Φ"，较小圆面积的直径尺寸，可标注在外面
坡　度		标注坡度时，在坡度数字下，应加注坡度符号，坡度符号用单面箭头，一般指向下坡方向；或用直角三角形标注

表5-4 常用图例

名　称	图　例	说　明
新建的建筑物		1.上图为不画出入口图例，下图为画出入口图例 2.需要时，可在图形内右上角以点数或数字（高层宜用数字）表示层数 3.用粗实线表示
坐　标	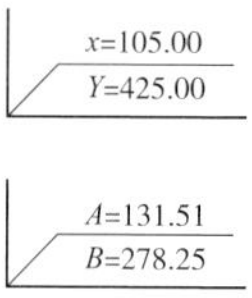 x=105.00 Y=425.00 A=131.51 B=278.25	上图表示测量坐标，下图表示施工坐标
相对标高	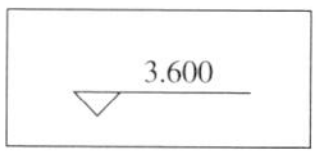 3.600	
绝对标高	 143.000	
新建的道路	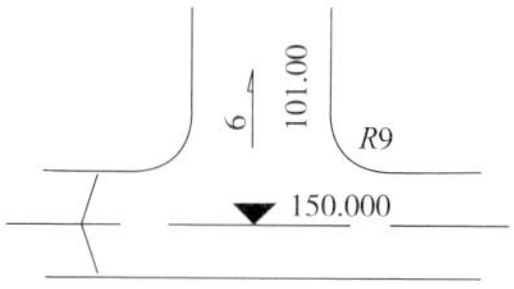 6　101.00　$R9$ 150.000	1. "$R9$"表示道路转弯半径为9 m；"150.00"为路面中心的标高；"6"表示6%；为纵向坡度；"101.00"表示变坡点间距离 2.图中斜线为道路断面示意，根据实际需要绘制
桥梁（公路桥）	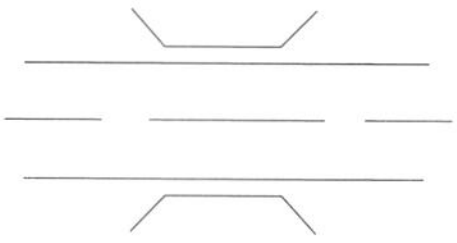	用于旱桥时应标注
雨水井或消防栓井	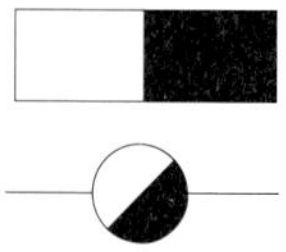	上图是雨水井，下图为消防栓井
填挖边坡	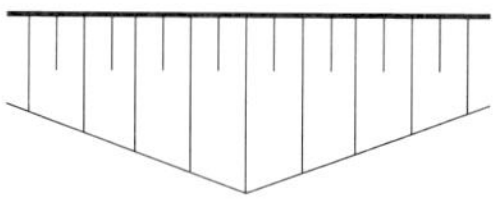	边坡较长时，可以一端或两端局部表示
护　坡	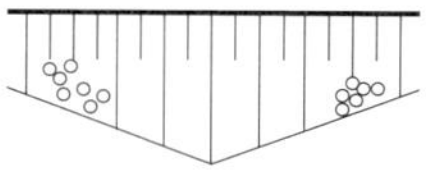	
素土夯实		

图纸内容如下：

①封面。工程名称、工程地点、工程编号、设计阶段、设计时间、设计公司名称。

②图纸目录。本套施工图的总图纸纲目。

③设计说明。工程概况、设计要求、设计构思、设计内容简介、设计特色、各类材料统计表、苗木统计表。

④总平面图。详细标注道路、建筑、水体、花坛、小品、雕塑、设备、植物等在平面中的位置及与其他部分的关系。标注主要经济技术指标，地区风玫瑰图。（图纸比例：1∶2 000，1∶1 500，1∶1 000，1∶500或1∶800，1∶600）

⑤种植总平面图。在总平面图中详细标注各类植物的种植点、品种名、规格、数量，植物配植的简要说明，苗木统计表，指北针。（图纸比例：1∶2 000，1∶1 500，1∶1 000，1∶500或1∶800，1∶600）

⑥雕塑-小品总平面布置图。在总平面图中（隐藏种植设计）详细标出雕塑、景观小品的平面位置及其中心点与总平面控制轴线的位置关系，雕塑-小品分类统计表，指北针。（图纸比例：1∶2 000，1∶1 500，1∶1 000，1∶500或1∶800，1∶600）

⑦铺装物料总平面图。在总平面图中（隐藏种植设计）用图例详细标注各区域内硬质铺装材料、材质及其规格，材料设计选用说明，铺装材料图例，铺装材料用量统计表（按面积计），指北针。（图纸比例：1∶2 000，1∶1 500，1∶1 000，1∶500或1∶800，1∶600）

⑧总平面放线图。详细标注总平面图中（隐藏种植设计）各类建筑、构筑物、广场、道路、平台、水体、主题雕塑等的主要定位控制点及相应尺寸标注。（图纸比例：1∶2 000，1∶1 500，1∶1 000，1∶500或1∶800，1∶600）

⑨总平面分区图。在总平面图中根据图纸内容的需要用特粗虚线将平面分成相对独立的若干区域，并对各区域进行编号。指北针。（图纸比例：1∶2 000，1∶1 500，1∶1 000，1∶500或1∶800，1∶600）

⑩分区平面图。按总平面分区图将各区域平面放大表示，并补充平面细部。指北针。（图纸比例：

1∶1 000，1∶500，1∶250，1∶200，1∶100或1∶800，1∶600，1∶300）

⑪分区平面放线图。详细标注各分区平面的控制线及建筑、构筑物、道路、广场、平台、台阶、斜坡、雕塑-小品基座、水体的控制尺寸。（图纸比例：1∶1 000，1∶500，1∶250，1∶200，1∶100或1∶800，1∶600，1∶300）

⑫铺装分区平面图。详细绘制各分区平面内的硬质铺装花纹，详细标注各铺装花纹的材料、材质及规格。指北针。（图纸比例：1∶1 000，1∶500，1∶250，1∶200，1∶100或1∶800，1∶600，1∶300）

⑬铺装分区平面放线图。在铺装分区平面图的基础上（隐藏材料、材质及材料规格的标注）标注铺装花纹的控制尺寸。（图纸比例：1∶1 000，1∶500，1∶250，1∶200，1∶100或1∶800，1∶600，1∶300）

⑭竖向设计总平面图。在总平面图中（隐藏种植设计）详细标注各主要高程控制点的标高，各区域内的排水坡向及坡度大小，区域内高程控制点的标高及雨水收集口位置，建筑-构筑物的散水标高，室内地坪标高或顶标高，绘制微地形等高线，等高线及最高点标高，台阶各坡道的方向，指北针标高用绝对坐标系统标注或相对坐标系统标注，在相对坐标系统中标出0标高的绝对坐标值。（图纸比例：1∶2 000，1∶1 500，1∶1 000，1∶500或1∶800，1∶600）

注：分区平面仅当总平面不能详细表达图纸细部内容时才设置。

（2）分部施工图部分

分部施工图包括建筑-构筑物施工图、铺装施工图、雕塑-小品施工图、地形-假山施工图、种植施工图、灌溉系统施工图、水景施工图。为方便施工过程中翻阅图纸，本部分图纸均宜选用A3图幅。

①封面。工程名称、工程地点、工程编号、设计阶段、设计时间、设计公司名称。

②图纸目录。本套施工图的图纸纲目。

③设计说明。工程概况、设计要求、设计构思、设计内容简介、设计特色、主要材料表、主要植物品种目录。

④建筑-构筑物施工图。包括以下图纸内容：

A.建筑（构筑物）平面图；建筑（构筑物）立面图。

B.建筑（构筑物）剖面图：详细绘制建筑（构筑物）的重要剖面图，详细表达其内部构造、工程做法等内容，标注洞口、地面标高及相应尺寸标注。

C.建筑（构筑物）施工详图：详尽表达平、立、剖面图中索引到的各部分详图的内容、建筑物的楼梯详图，室内铺装做法详图等。

D.建筑（构筑物）基础平面图：建筑（构筑物）的基础形式和平面布置。

E.建筑（构筑物）基础详图：基础的平、立、剖面、配筋、钢筋表。

F.建筑（构筑物）结构平面图：各层平面墙、梁、柱、板位置，尺寸，楼板、梯板配筋，板、梯钢筋表。

G.建筑（构筑物）结构详图：梁、柱剖面、配筋、钢筋表。

H.建筑给排水图：标明室内的给水管接入位置、给水管线布置、洁具位置，地漏位置、排水管线布置、排水管与外网的连接。

I.建筑照明电路图：标明室内电路布线、控制柜、开关、插座、电阻的位置及材料型号等，材料用量统计表。

⑤铺装施工图。

A.铺装分区平面图：详细绘制各分区平面内的硬质铺装花纹，详细标注各铺装花纹的材料、材质及规格。重点位置平面索引，指北针。（图纸比例：1:500,1:250,1:200,1:100或1:300,1:150）

B.局部铺装平面图：铺装分区平面图中索引到的重点平面铺装图，详细标注铺装放样尺寸、材料材质规格等。（图纸比例：1:250,1:200,1:100或1:300,1:150）

C.铺装大样图：详细绘制铺装花纹的大样图，标注详细尺寸及所用材料的材质、规格。（图纸比例：1:50,1:25,1:20,1:10或1:30,1:15）

D.铺装详图：室外各类铺装材料的详细剖面工程做法图、台阶做法详图、坡道做法详图等。（图纸比例：1:25,1:20,1:10,1:5或1:30,1:15,1:3）

⑥雕塑-小品施工图。

A.雕塑详图。雕塑主要立面表现图、雕塑局部大样图、雕塑放样图、雕塑设计说明及材料说明。（图纸比例：1:50,1:25,1:20,1:10或1:30,1:15,1:5）

B.雕塑基座施工图。雕塑基座平面图（基座平面形式、详细尺寸），雕塑基座立面图（基座立面形式、装饰花纹、材料标注、详细尺寸），雕塑基座剖面图（基座剖面详细做法、详细尺寸），基座设计说明。（图纸比例：1:50,1:25,1:20,1:10或1:30,1:15,1:5）

C.小品平面图。景观小品的平面形式、详细尺寸、材料标注。（图纸比例：1:50,1:25,1:20,1:10或1:30,1:15,1:5）

D.小品立面图。景观小品的主要立面、立面材料、详细尺寸。（图纸比例：1:50,1:25,1:20,1:10或1:30,1:15,1:5）

E.小品剖面图。景观小品的剖面详细做法图。（图纸比例：1:50,1:25,1:20,1:10或1:30,1:15,1:5）

F.景观小品做法详图。局部索引详图、基座做法详图。（图纸比例：1:25,1:20,1:10或1:30,1:15,1:5）

⑦假山施工图。

A.地形平面放线图。在各分区平面图中用网格法给地形放线。（图纸比例：1:250,1:200,1:100或1:300,1:150）

B.假山平面放线图。在各分区平面图中用网格法给假山放线。（图纸比例：1:250,1:200,1:100或1:300,1:150）

C.假山立面放样图。用网格法为假山立面放样。（图纸比例：1:25,1:20,1:10或1:30,1:15,1:5）

D.假山做法详图。假山基座平、立、剖面图，山石堆砌做法详图，塑石做法详图。（图纸比例：1:25,1:20,1:10或1:30,1:15,1:5）

⑧种植施工图。

A.分区种植平面图。按区域详细标注各类植物的种植点、品种名、规格、数量，植物配植的简要说明，区域苗木统计表。指北针。（图纸比例：1:500,1:250,1:200,1:100或1:300,1:150）

B.种植放线图。用网格法对各分区内植物的种植点进行定位，对形态复杂区域可放大后再用网格法作详细定位。（图纸比例：1:500,1:250,1:200,1:100或1:300,1:150）

（3）给排水施工图

①灌溉系统施工图。

A.灌溉系统平面图。分区域绘制灌溉系统平面图，详细标明管道走向、管径、喷头位置及型号、快速取水器位置、逆止阀位置、泄水阀位置、检查井位置等，材料图例，材料用量统计表，指北针。（图纸比例：1:500,1:250,1:200,1:100或1:300,1:150）

B.灌溉系统放线图。用网格法对各分区内的灌溉设备进行定位。（图纸比例：1:500,1:250,1:200,1:100或1:300,1:150）。

②水景施工图。

A.水体平面图。按比例绘制水体的平面形态，标注详细尺寸，旱地喷泉要绘出地面铺装图案及水箅子的位置、形状，标注材料材质及材料规格，指北针。（图纸比例：1:500,1:250,1:200,1:100,1:50或1:300,1:150）

B.水体剖面图。详细表达剖面上的工程构造、作法及高程变化，标注尺寸、常水位、池底标高、池顶标高。（图纸比例：1:100,1:50,1:25,1:20或1:30,1:15）

C.喷泉设备平面图。在水体平面图中详细绘出喷泉设备位置，标注设备型号，详细标注设备布置尺寸，设备图例，材料用量统计表，指北针。（图纸比例：1:500,1:250,1:200,1:100,1:50或1:300,1:150）

D.喷泉给排水平面图。在喷泉设备平面中布置喷泉给排水管网，标注管线走向、管径、材料用量统计表，指北针。（图纸比例：1:500,1:250,1:200,1:100,1:50或1:300,1:150）

E.水型详图。绘制主要水景水型的平、立面图，标注水型类型，水型的宽度、长度、高度及颜色。用文字说明水型设计的意境及水型的变化特征。

F.给排水设计总平面图。在总平面图中（隐藏种植设计）详细标出给水系统与外网给水系统的接入位置、水表位置、检查井位置、闸门井位置，标出排水系统的雨水口位置、水体溢一排水口位置、排水管网及管径，给排水图例，给水系统材料表，排水系统材料表。指北针。（图纸比例：1:2 000,1:1500,1:1000,1:500或1:800,1:600）

（4）电气施工图

①电气设计说明及设备表。详细的电气设计说明，详细的设备表，标明设备型号、数量、用途。

②电气系统图。详细的配电柜电路系统图（室外照明系统、水下照明系统、水景动力系统、室内照明系统、室内动力系统、其他用电系统、备用电路系统），电路系统设计说明。标明各条回路所使用的电缆型号，所使用的控制器型号，安装方法，配电柜尺寸。

③电气平面图。在总平面图基础上标明各种照明、景观用灯具的平面位置及型号、数量，线路布置，线路编号，配电柜位置，图例符号，指北针。（图纸比例：1:2 000,1:1500,1:1 000,1:500或1:800,1:600）

④动力系统平面图。在总平面图基础上标明各种动力系统中的泵、大功率用电设备的名称、型号、数量，平面位置线路布置，线路编号，配电柜位置，图例符号，指北针。（图纸比例：1:2000,1:1500,1:1000,1:500或1:800,1:600）

⑤水景电力系统平面图。在水体平面图中标明水下灯、水泵等的位置及型号，标明电路管线的走向及套管、电缆的型号，材料用量统计表，指北针。（图纸比例：1:500,1:250,1:200,1:100,1:50或1:300,1:150）

| 知识重点 |

（1）景观设计成果的表达要求是什么，表现方式有哪些？

（2）景观工程制图规范的要求有哪些？

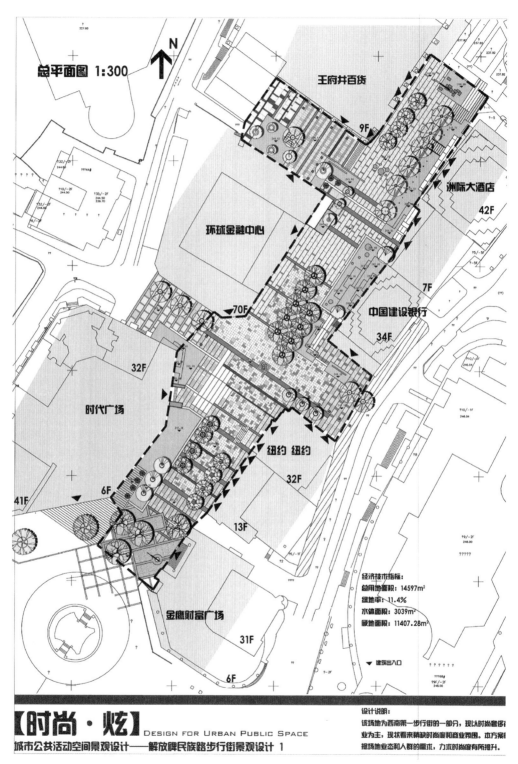

城市街道与广场景观设计　　学生: 但卓昕　　指导教师: 夏晖　　学校: 重庆大学建筑城规学院

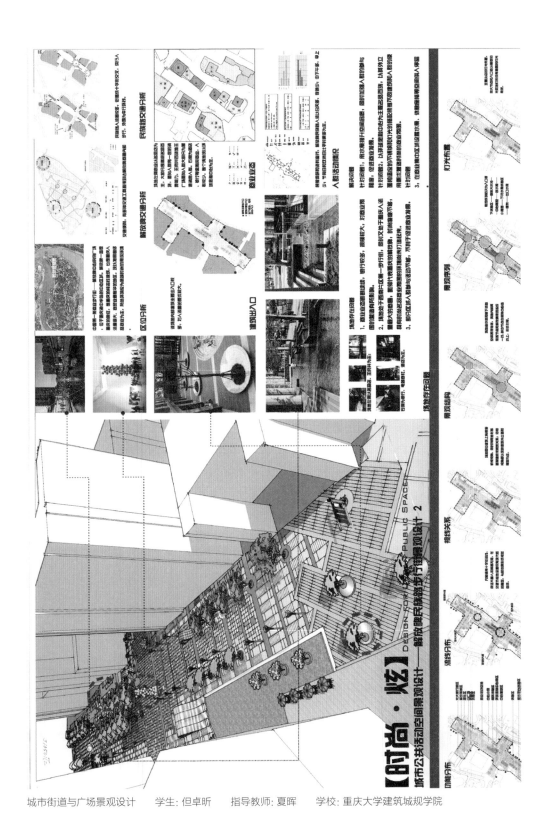

城市街道与广场景观设计　　学生: 但卓昕　　指导教师: 夏晖　　学校: 重庆大学建筑城规学院

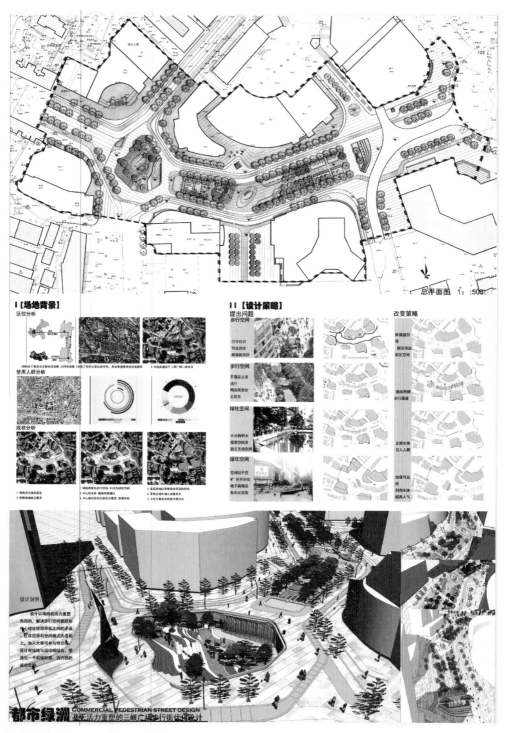

城市街道与广场景观设计　　学生: 韩玉婷　　指导教师: 毛华松　　学校: 重庆大学建筑城规学院

城市街道与广场景观设计　　学生: 韩玉婷　　指导教师: 毛华松　　学校: 重庆大学建筑城规学院

居住区景观设计　　学生: 殷源源　　指导教师: 许芗斌　　学校: 重庆大学建筑城规学院

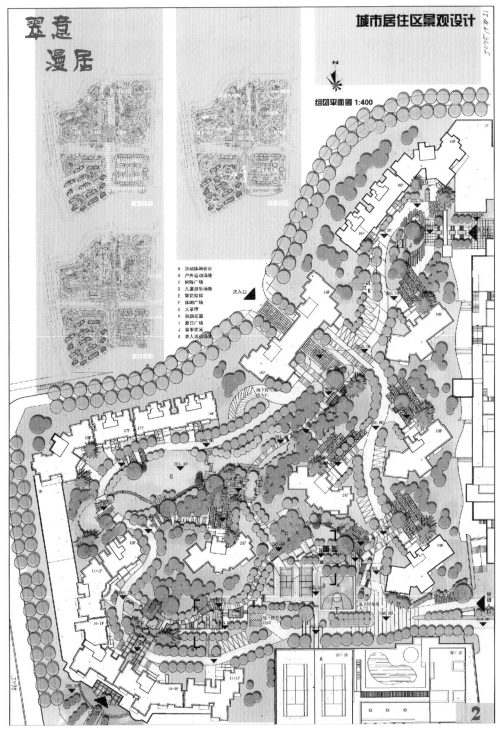

居住区景观设计　　学生: 唐振雄　　指导教师: 唐紫安　　学校: 重庆大学建筑城规学院

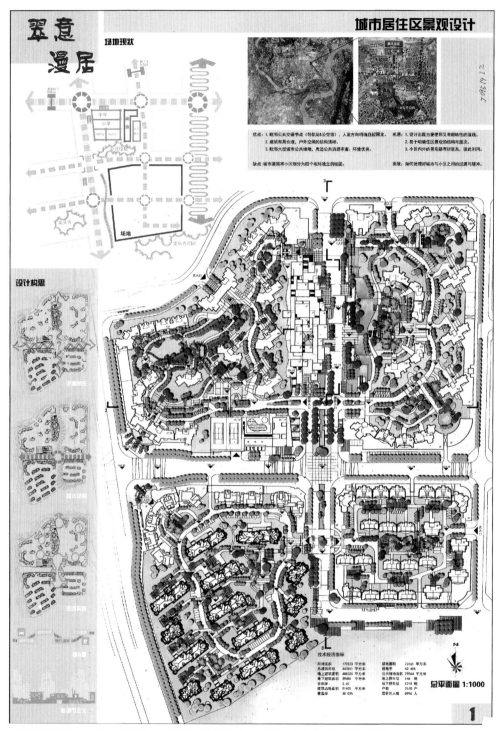

翠意漫居

场地现状

设计构思

居住区景观设计　　学生: 唐振雄　　指导教师: 唐紫安　　学校: 重庆大学建筑城规学院

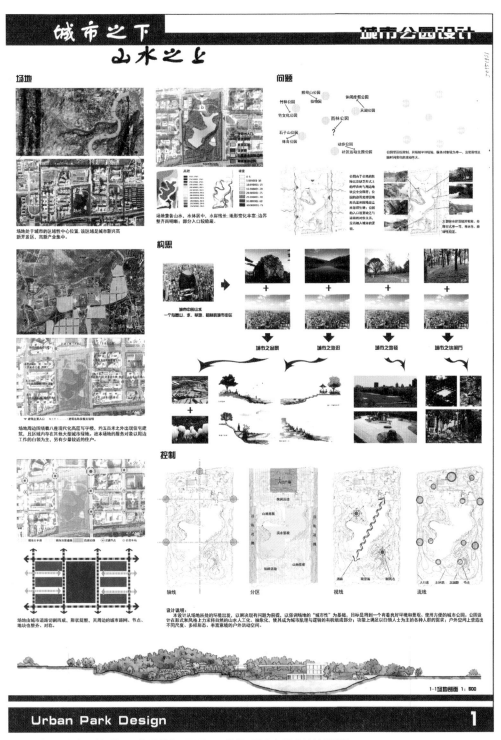

城市之下 山水之上

Urban Park Design

1

公园设计　学生: 唐振雄　指导教师: 夏晖　学校: 重庆大学建筑城规学院

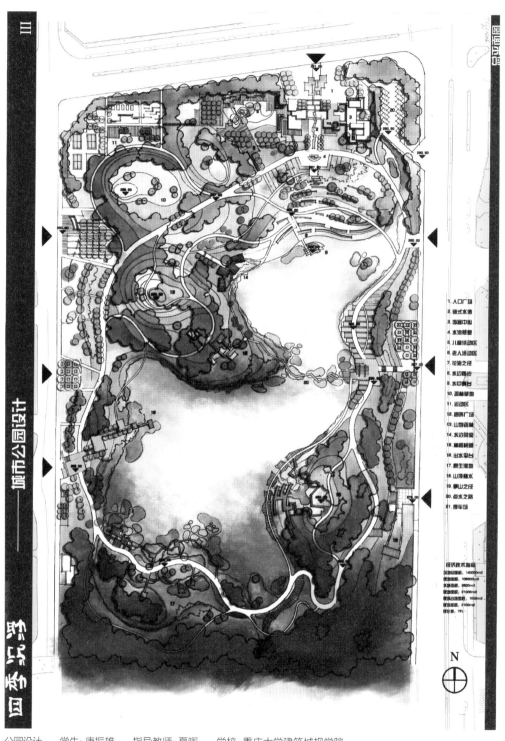

城市公园设计

凤凰涅槃

1. 入口广场
2. 链式水池
3. 游客中心
4. 水池雕塑
5. 儿童活动区
6. 老人活动区
7. 花溪之径
8. 水边栈道
9. 水中舞台
10. 苜蓿草坪
11. 运动区
12. �广场
13. 山地苗圃
14. 水边茶座
15. 临园转廊
16. 出水平台
17. 爬生浸地
18. 山溪叠水
19. 爬山之径
20. 总水之路
21. 停车场

经济技术指标
总用地面积: 140000m2
绿地面积: 108000m2
水景面积: 3800m2
硬地面积: 41000m2
建筑占地面积: 3800m3
停车场面积: 4100m3
绿化率: 78%

N

公园设计   学生: 唐振雄   指导教师: 夏晖   学校: 重庆大学建筑城规学院

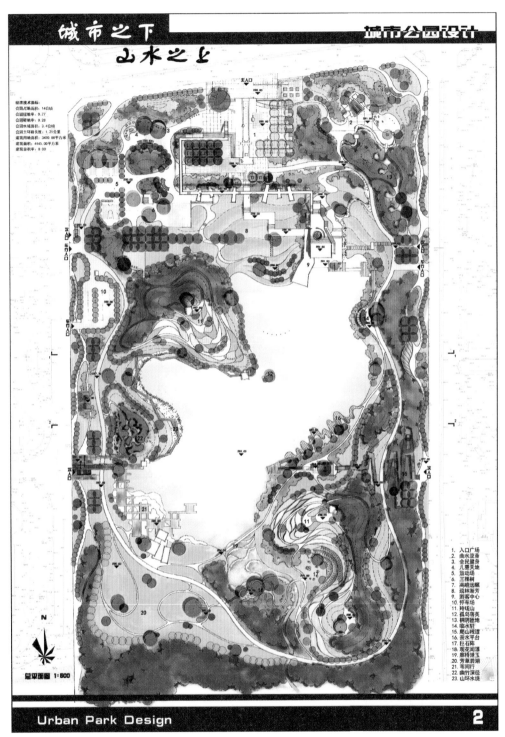

城市之下
山水之上

城市公园设计

经济技术指标：
公园占地面积：14公顷
公园绿地率：0.77
公园硬地率：0.23
公园水域面积：3.4公顷
公园主环路长度：1.21公里
建筑用地面积：3470.00平方米
建筑面积：4445.00平方米
建筑密度：0.03

N

总平面图 1:600

1. 入口广场
2. 曲水流身
3. 全民健身
4. 儿童天地
5. 运动场
6. 三棵树
7. 高粮远飘
8. 疏林清芳
9. 游客中心
10. 停车场
11. 玲珑山
12. 孤岛落英
13. 桐阴憩地
14. 临水轩
15. 爬山栈道
16. 亲水平台
17. 巨石阵
18. 观花闻瀑
19. 鹰桥掠玉
20. 芳草碧湖
21. 茗间问行
22. 曲竹深径
23. 山环水绕

Urban Park Design

2

公园设计   学生: 杜百川、倪凯   指导教师: 许芗斌   学校: 重庆大学建筑城规学院

公园设计　　学生：杜百川、倪凯　　指导教师：许芗斌　　学校：重庆大学建筑城规学院

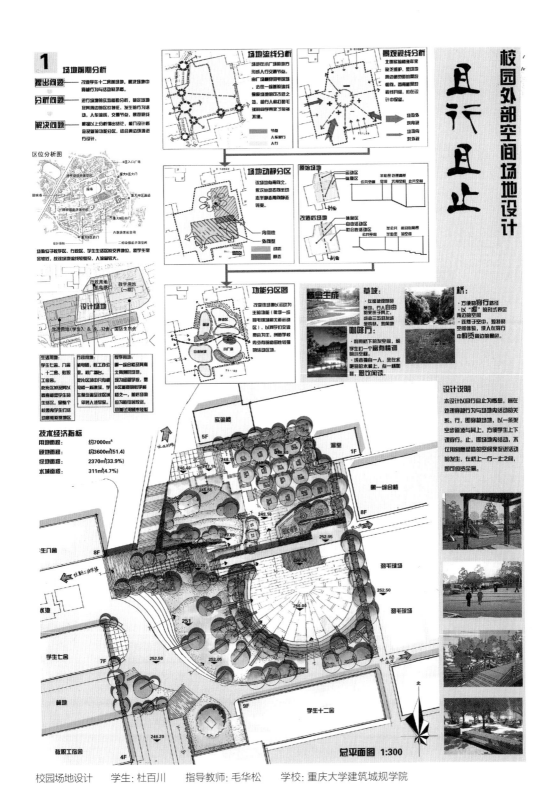

校园场地设计　　学生: 杜百川　　指导教师: 毛华松　　学校: 重庆大学建筑城规学院

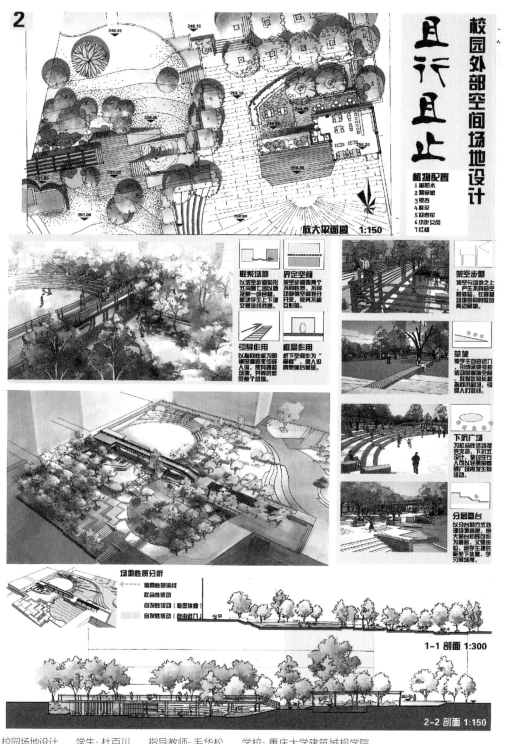

校园场地设计　　学生: 杜百川　　指导教师: 毛华松　　学校: 重庆大学建筑城规学院

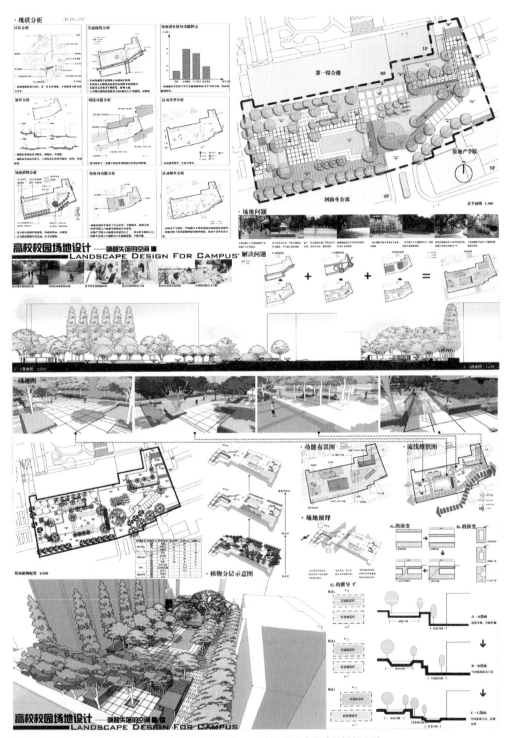

校园场地设计　　学生: 但卓昕　　指导教师: 胡俊琦　　学校: 重庆大学建筑城规学院

参 考 文 献

[1] 俞孔坚，李迪华.景观设计：专业、学科与教育[M].北京：中国建筑工业出版社，2003.

[2] 俞孔坚.景观：文化、生态与感知[M].北京：科学出版社，2000.

[3] 夏征农.辞海[M].上海：上海辞书出版社，1995.

[4] 杜春兰.山地城市景观学研究[D].重庆大学，2005.

[5] 金俊.理想景观——城市景观空间系统建构与整合设计[M].南京：东南大学出版社，2003.

[6] 周维权.中国古典园林史[M].北京：中国建筑工业出版社，1990.

[7] 安怀起.中国园林史[M].上海：同济大学出版社，1991.

[8] 王向荣，林箐.西方现代景观设计的理论与实践[M].北京：中国建筑工业出版社，2002.

[9] 芦原义信.街道的美学[M].尹培桐，译.天津：百花文艺出版社，2006.

[10] 芦原义信.外部空间设计[M].尹培桐，译.北京：中国建筑工业出版社，1995.

[11] 扬·盖尔.交往与空间[M].何人可，译.北京：中国建筑工业出版社，2002.

[12] 王胜永，周鲁潍.景观设计基础[M].北京：中国建筑工业出版社，2010.

[13] 若曼 K·布思.风景园林设计要素[M].曹礼昆，曹德鲲，译.北京：中国林业出版社.1989.

[14] 约翰·O.西蒙兹.景观设计学——场地规划与设计手册[M].俞孔坚，王志芳，孙鹏，译.北京：中国建筑工业出版社，2000.

[15] 卢圣.植物造景[M].北京：气象出版社，2004.

[16] 芦建国.种植设计[M].北京：中国建筑工业出版社，2008.

[17] 张吉祥.园林植物种植设计[M].北京：中国建筑工业出版社，2001.

[18] 苏雪痕.植物造景[M].北京：中国林业出版社.

[19] 陈玮.园林构成要素实例解析·植物[M].沈阳:科学技术出版社，2002.

[20] 刘骏，蒲蔚然.城市绿地系统规划与设计[M].北京：中国建筑工业出版社，2005.

[21] 北京市园林局.公园设计规范（CJJ 48—92）.北京：中国建筑工业出版社，1993.

[22] 刘滨谊.城市道路景观规划设计[M].南京：东南大学出版社，2002.

[23] 克利夫·芒福汀.街道与广场[M].张永刚，陆卫东，译.北京：中国建筑工业出版社，2004.

[24] 文增.城市街道景观设计[M].北京：高等教育出版社，2008.

[25] 苏晓毅.居住区景观设计[M].北京：中国建筑设计出版社，2010.

[26] 北京市市政工程设计研究院.城市道路设计规范（CJJ 37—90）.北京：中国建筑工业出版社，1991.

[27] 中国城市规划设计研究院.城市居住区规划设计规范（GB 50180—93）北京：中国建筑工业出版社，2002.

[28] 格兰特·W.里德.美国风景园林设计师协会.园林景观设计从概念到形式[M].陈建业，赵寅，译.北京：中国建筑工业出版社，2004.

[29] 王建国.城市设计[M].北京，中国建筑工业出版社，1999.

[30] 西蒙·贝尔.景观的视觉设计要素[M]. 王文彤，译.北京：中国建筑工业出版社，2004.

[31] 李道增.环境行为学概论[M].北京：清华大学出版社，1999.

[32] 刘滨谊.现代景观规划设计[M].南京：东南大学出版社，1999.

[33] 彭一刚.建筑空间组合论 [M].2版.北京：中国建筑工业出版社，2000.

[34] 金学智.中国园林美学 [M].北京：中国建筑工业出版社，2011.

[35] 孙勇.景观工程——设计、制图与实践[M].北京：化学工业出版社，2010.